U0262100

特别鸣谢

本书获贵州大学学术著作出版基金资助；

本书为中央高校基本科研业务费项目“移民村落与草场变迁”（2010B17514）的成果。

环境与社会丛书

# 牧区的抉择

## ——内蒙古一个旗的案例研究

王 婧 著

中国社会科学出版社

**图书在版编目(CIP)数据**

牧区的抉择 / 王婧著. —北京：中国社会科学出版社，2016.5
ISBN 978-7-5161-7037-3

Ⅰ.①牧… Ⅱ.①王… Ⅲ.①牧区—区域生态环境—研究—内蒙古 Ⅳ.①X321.226

中国版本图书馆 CIP 数据核字(2015)第 268452 号

出 版 人 赵剑英
责任编辑 冯春凤
责任校对 张爱华
责任印制 张雪娇

出　　版 中国社会科学出版社
社　　址 北京鼓楼西大街甲 158 号
邮　　编 100720
网　　址 http：//www.csspw.cn
发 行 部 010-84083685
门 市 部 010-84029450
经　　销 新华书店及其他书店

印　　刷 北京君升印刷有限公司
装　　订 廊坊市广阳区广增装订厂
版　　次 2016 年 5 月第 1 版
印　　次 2016 年 5 月第 1 次印刷

开　　本 710×1000 1/16
印　　张 14
插　　页 2
字　　数 205 千字
定　　价 55.00 元

| 1 | 2 |
|---|---|
| | 3 |
| | 4 |
| 6 | 5 |

1. 目前呼伦贝尔被保存的最好的一块草场。30年前这样的草场是常态，居民房前屋后的牧草有膝盖之高，现在优质的草场却不多见，草场正快速退化（2010年7月摄）

2. 没有被打草之前的草场，草较为稀疏（2010年7月摄）

3. 刚被打草完的草场，草场类似于庄稼一样被收割，这样会引发一系列生态问题（2010年8月摄）

4. 某牧民定居点附近的草场退化严重（2010年8月摄）

5. 被破坏的草场山坡（2010年8月摄）

6. “零草覆盖”的牧民定居点（2010年8月摄）

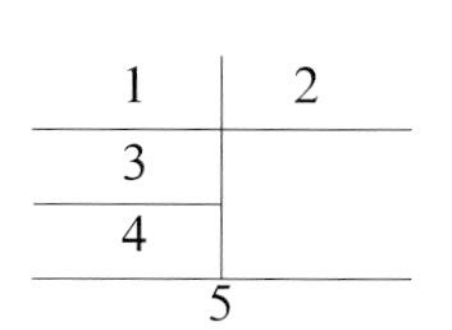


1．曾经遍地是优质牧草的苏木，仿佛被“剃成了秃头”。定居点附近的草场退化严重（2011年5月摄）

2．白沙凸显的嘎查（2011年7月摄）

3．草原上有了许多农户定居点。农户在房前屋后种植了各种蔬菜，好像是将农区搬进了大草原（2011年6月摄）

4．农垦集团种植的各种作物，大草原被塑造成大农场，貌似“生机勃勃”，其实直接影响牧区地下水等问题（2011年8月摄）

5．草场承包制度可以看成是农耕文化的产物。网围栏将游动的牧业固化在小块土地上（2010年8月）

| 1 | 2 |
|---|---|
| | 3 |
| | 4 |
| 6 | 5 |

1．“豪华”的牧民定居点，已经现代化的居住格局（2011 年 8 月摄）

2．多数牧户的居住格局，既有砖瓦房又有蒙古包，还必备打草、用水等工具（2011 年 6 月摄）

3．正在运输的牧草。牧草已全然被商品化，因此草资源被最大限度的开采（2011 年 6 月摄）

4．网围栏之外的草场成为“众矢之的”，网围栏之内的草场也未“幸免于难”，因为经常被人破坏并偷牧（2009 年 8 月摄）

5、6．奶牛每天回家，总喜欢跟着某一条路线走，把草场踩出沙道。牧区定居点附近牛过多，牲畜构成不合理，也容易破坏草场（2011 年 8 月摄）

| 1 | 2 |
|---|---|
| | 3 |
| | 4 |
| 5 | |

1.“长年累月“、”周而复始“的草原治沙队（2009年7月摄）

2. 课题组成员与当地居民一起治沙（2009年7月摄）

3. 治沙过程：在沙地上用牧草组成固定方格，再在方格里埋草籽。沙地的治理成本比较高昂（2009年7月摄）

4.“坚强”的沙棘子，屹立在一片白茫茫的沙地中。有牧民认为这片沙地有自然形成的部分，只是现在人为因素导致沙地在扩大。（2009年8月摄）

5. 沙地治理效果初具成效。但光从治理费用来看，沙地治理费用远远超过了牧业收益，花费巨大且不可持续。（2009年8月摄）

# 目　录

# 序

前不久江苏省教育厅公布王婧的论文获得了2014年的省优秀博士论文，这是我们专业毕业的博士首次获得这一荣誉。她在博士论文基础上修订完善的著作要出版了，邀请我为此本写序，我作为她的指导教师很高兴，先就以她博士论文的研究经历来谈谈这本书。

2009年6月，我带着王婧等三位同学到内蒙古自治区呼伦贝尔草原，就“世界银行贷款内蒙古贸易与交通项目少数民族发展计划监测评估”进行第四次监测评估的调研工作。2003年我承担该项目的社会评价研究，之后我又承担了该项目的少数民族发展计划监测评估工作。我带研究生去，一方面，让他们做我的科研助手，参与具体的实地调查，另一方面，我把研究现场当作研究生的研究方法课堂，在现场中让他们练习如何观察、如何访谈，如何面对实际研究中所出现的困难与问题。还有个目的，就是如果有适合学生做的题目，就可能产生硕士论文或博士论文。我们先后去了陈巴尔虎旗、新巴尔虎右旗、新巴尔虎左旗、满洲里市等地，对公路沿线的社会发展情况有个大致的评估后，就在陈巴尔虎旗的西乌珠尔驻扎下来。在西乌珠尔的几天里，有着和大城市不同的惬意和安静，在完成社会评价工作任务之余，可以谈谈学术、谈谈学生成长等事宜。我还记得当时王婧对牧区的环境问题比较感兴趣，她正在苦恼博士论文选题，觉得她之前的关于“井冈山红色旅游”的家乡社会学选题难以深入。我感觉牧区的选题或许比较有意思，所以我说“牧区经济社会变迁”、“草原生态问题”可能是不错的博士论文的选题。过去十年中，我大概有十次左右的调研经历，自己有些“感觉”。2000 年、2001 年分别因为世行水产发展项目、公路项目（老爷庙—集宁）的社会评价我去过内蒙古，2003 年之后因为内蒙古贸易与交通项目的社会评价及后续的少数民族监测评估，我又穿梭于呼伦贝尔草原上。当我询问王婧是否愿意将草原调研作为博士论文选题时，我也深知王婧在南方出生、南方长大，要做好一个地域和社会文化差异极大的“他乡社会学”题目，并非容易。

2009 年的暑假，王婧和其他三位同学开始了呼伦贝尔的调查之旅，并在那里待了 40 余天。调查前，我会给学生说一说，研究主题可能的“边界”在哪里？“富矿”可能会是哪些？“富矿”可能会在哪里？但我从内心深处更期盼他们能独立地去探索，挖掘我所不知道的有社会学意义的主题。调查过程中，我们继续保持电话联络。有一日，王婧打电话时告诉我，她对牧区的很多现象还看不透，有很多疑问。我说，你先做做看吧。为了更好地融入当地群体，王婧想了不少办法，比如参与当地的治沙工程，与当地人一起植树种草，一边劳动，一边访谈。还经常借着串门的机会，找居民聊天。这样花了一个多月的时间，她把苏木的大概情况摸熟了，并开始对选题有了一些感觉。这种感觉的培养其实需要一个较长的过程。我看她是先不确定研究题目，只是有个大概的主题，每天都坚持写调查日志，规定自己每天至少做两个深度访谈案例，一直遵循着从牧区社会现实中发现可供研究选题的这一原则。后来有一次，她告诉我，近三十年来调查地草场发生了很大程度的退化，她觉得写关于草原环境问题的论文更贴合现实，这样就基本明确了她的论文选题。

“放手”让学生自己去做调查，刚开始学生可能会“磕磕碰碰”，但是这样的成长过程却是必需的。费孝通曾经说过“意会”研究的重要性，认为那些只能意会不能言传的知识或者智慧恰恰是我们理解社会运行的基础。这种“意会”其实就是一种对社会的“悟”，慢慢地去领悟中国社会几千年来的深层脉动。这样“悟”的过程，可能是每一个社会学研究者一生的功课，需要时间和经历慢慢积淀，也需要每个研究者独立来完成。现在的学生，从学校到学校，专业教育的时间很长、也很“专业”，但社会阅历不足可能是年轻学生成长过程中的最大“绊脚石”。所以，在我看来，王婧所经历的这样一个较长的研究过程，其实是社会专业训练中非常必要的，我想在这一过程中，她能得到更好的成长。

为体会“他乡社会”的真谛，王婧在2009年暑期调查之后，于2010年6月至8月、2011年7月至8月两度深入内蒙古呼伦贝尔草原，调查时间长达半年。2010年的调查是在西乌珠尔的调查基础上，她继续拓展案例，在完工镇停留了一个多月，还去在巴彦库仁镇、巴彦哈达苏木等地。2011年，王婧又继续补充调查。这次调查她锁定一个旗为调查对象，继续走访东乌珠尔苏木、鄂温克苏木、宝日希勒镇、国营哈达图牧场、国营特尼河农牧场，以及国营浩特陶海牧场等地，访谈不同生计、职业、年龄、性别、教育背景的牧民、外来居民，重点访谈老牧民、地方干部、科技人员等关键信息人。作为一个外来者，王婧花了很大时间精力来补“地方常识”。因为对于“他乡社会”，研究者可能会因为缺乏背景知识，而难以深刻体会当地的文化。经过较长时间的历练，她渐渐明白了牧区的变迁过程，也形成了自己对牧区环境演变的社会学理解。

生活在草原之外的人们，想象中的呼伦贝尔大草原是“天苍苍野茫茫，风吹草低见牛羊，”关心环境的人，可能熟知北京沙尘暴的报道，或是牧区草原破坏等信息。更有热心人士，可能会有“杀掉山羊保北京”或是“植树种草抗沙尘”这样的想法。事实上，牧区的环境问题非常复杂，不是单单一句“过度放牧”可以说得清楚，“杀掉山羊”也不一定能救得了北京。作者认为草原环境问题是一个由来已久的社会沉疴，有其特有的社会历史根源。作者用历时的记叙方式，将调查地牧区分为1949年前的传统牧区，受农耕影响的牧区，市场机制引入后的牧区，以及环境治理时期的牧区，提炼了牧区在各个不同阶段所具有的特征，以此分析牧区的变迁及其环境问题的成因。

游牧的一个显著特征是“逐水草而居”。牧民形成了保护草原的一整套游牧机制，如大游牧迁徙模式，清朝时期的四季轮牧技术，以及分群放牧技术等。在游牧技术的基础上，牧民还创造了独特的游牧组织，如“古列延”和“阿寅勒”，这些组织通过不断移动来利用分散且不稳定的牧区资源，免于因固定、反复放牧而造成草原生态系统的衰退。

1949年以后，从国家的政策制定、组织运行再到基层农耕人群的涌入，都呈现了农耕文化对游牧文化“规训”和“改造”，牧区的“农耕化”开始显现。农垦集团的进驻，以及大量农耕人群的迁入，牧区开始形成定居轮牧等，都对草原环境产生了难以估量的影响力。

进入21世纪以后，牧区的市场化进程对草原生态系统产生了巨大影响。王婧将牧区的市场化总结为两个类型“过度市场化”和“缺少规范的市场化”。草原完全被当作商品，过度或不当地被开发利用。牧区的各种利益群体以“经济理性”的行为方式使用草原资源。牧民的生产积极性得到了空前的释放，加之以牧区机械化水平的提高，草原资源正处于一种快速汲取的状态。她认为，从环境的角度来看，牧区正处于关键的十字路口上，何去何从，取决于现今及今后的政策走向。

最后，该书对近期草原环境治理工程进行了反思，对“草畜平衡”、“休牧禁牧”、“生态移民”、“植树种草”等在地方执行的过程进行了评述。作者认为调查地的草原治理政策难逃“国家治理思路”、“技术主义思路”、“唯利治理”以及“农耕式治理”等范式，草原环境治理效果也良莠不齐。

总之，王婧的关于草原环境问题的这本书很有意思，我很愿意向关心草原、关注环境问题的朋友推荐。借此机会，也希望王婧在环境社会学这一领域取得更大成绩。

陈阿江

2014 年于南京

# 第一章　绪　　论

## 一　问题的提出

### （一）　研究背景

2009年第一次进入牧区，看着远处一望无际的大草原，笔者不由自主地感叹这里是一片“绿色的海洋”，但是随着调查的时间越长久，才知道作为最后一片草原，这里的景象和三十年之前已经相差甚远。跟着开车的司机从一个苏木转移到另一个地方，沿途可以清楚地看到老鼠（鼢鼠）在公路横穿，当地人形象地说“老鼠跑会冒烟”，所谓的“冒烟”就是指老鼠踏起的阵阵沙尘，足见草场的沙化程度已经很严重。走进草原，仔细打量，发现整个草场的植被是稀疏的，草场围绕定居点呈斑块性退化。到了7月，草场的长势不均。网围栏外面的草刚冒出“头”，就被牛羊啃食“秃了头”；网围栏里面的草高些，有的已经有膝盖之高，长得膝盖之高的草就是所谓的“草库伦”，或是“打草场”，8月末的时候，网围栏里几乎所有的打草场都被收割机推平，草原又恢复成一片寂静。听着打草的人谈论草场的长势，无一例外地都说，草场退化非常严重。

国家的监测数据也证实草原生态问题的严重性。国家林业局2011年公布的第四次全国荒漠化和沙化监测结果显示，土地沙化仍然是当前最为严重的生态问题，我国土地荒漠化、沙化的严峻形势尚未根本改变，难以在短时间内形成稳定的生态系统。截至2009年底，全国荒漠化土地总面积262.37万平方公里，占国土总面积的27.33%[①]。目前我国严重退化草原近1.8亿公顷，并以每年200万公顷的速度继续扩张，天然草原面积每年减少约65万至70万公顷，同时草原质量不断下降[②]。不仅如此，近年来调查地陈巴尔虎旗草原退化的速度也是非常之快的，据2004年第三次荒漠化和沙化土地检测结果，陈巴尔虎旗的沙化土地占全旗土地面积的18.7%，占呼伦贝尔市沙化土地面积的14.4%。草场退化速率逐年提高，已成为全国沙化土地重点沙区旗县之一。

为了解决草原生态问题，从1978年开始，国家动用了多项大型的生态治理工程，如“三北”防护林建设，退牧还草项目，重点公益林项目等，具体的措施有植树造林，禁牧围封，生态移民等。目前，总体状况仍然是一边破坏一边治理；治理的速度远远赶不上破坏的速度；重视工程治理，缺少对制度的反思和人行为的管制等。不合理的制度设计以及抵挡不住的现代化进程，制造了一大批“环境问题”，最后又希望通过一些偏离地方实际的工程治理方案来“拯救”，治理效果可想而知。

事实上，草原生态问题和整个社会的经济、政策、文化变迁密切相关，是整个社会运行的产物。草原生态问题由来已久，具有长时段的历史渊源。清末“放垦”以来，内蒙古地区的社会、环境就开始发生巨大变迁。近50年来，内蒙古地区的生态环境问题有着加重的趋势。从20世纪六七十年代的大开荒，“以粮为纲”等政策在牧区的实行，再到改革开放以后市场化机制的引入，草原生态被各种力量“重塑”。纵观草原的历史，近30年的市场经济对草原的负面影响尤甚。

调查地陈巴尔虎旗正在经历着从传统到现代的剧烈转变，一方面，它尚存着中国最后的传统游牧文化；另一方面，传统的游牧文

---

① 摘自国家林业局，《中国荒漠化和沙化状况公报》，2011年1月。

② 摘自韩乐悟，我国严重退化草原近1.8公顷，完善草原治理制度刻不容缓，(2009－04－22) http：//business.sohu.com/20090422/n263545126.shtml。

化又在现代化冲击下快速瓦解。90年代中后期以后，草场划分到户，定居轮牧开始普遍化，历史上存在的传统游牧形态多趋于终结。目前，调查地所在的呼伦贝尔地区还遗留一些游牧传统，主要停留在老牧民的记忆中，他们通过口述的方式表达出来，而多数年轻牧民对游牧已经失去了记忆，因此，这一时期的调查显得尤为珍贵。

### （二）研究问题

本书试图呈现一个旗（县域）的环境、社会变迁史，探讨草原生态问题的原因，反思当前中国草原生态治理思路。研究有两条主线：一是国家的制度、政策和组织在不同的时段是如何影响当地的生态；二是基层社会中不同的人群是如何进行互动，产生了什么影响。特别关注外来移民（主要是农耕民族）在地区的活动过程，以及所带来的生态影响。

研究的主要问题有：（1）为什么传统的游牧生产方式有利于维持草原的生态平衡，其中地方性知识、传统社会协调机制在草原生态保护上发挥了什么作用？（2）新中国成立后，国家权力进一步渗透，各种制度、政策、组织设计对牧区产生了什么影响？这一时期，外来人口开始迁入和移居牧区，形成了一个个与传统游牧“异质”的移民社区。这些移民群体形成的原因，以及移民社区内在的文化特征是怎样的？对草原产生了什么影响？（3）市场化时期，草原生态出现了大面积退化，正处于“生态警戒线”。影响草原的新一轮力量有哪些？国家权力和市场机制的关系、特征如何？对草原产生了什么影响？移民社区中的外来者如何利用草原资源，并带来了什么影响？（4）现有的生态治理政策有哪些？有什么特征？具体的地方实践场景是怎样的？生态治理效果如何？

## 二　相关文献综述

本书从三个方面对相关文献进行梳理：传统地方知识研究，草原生态问题的原因探讨，以及草原管理相关文献。正好回应了本书的写作逻辑：先描述1949年前的传统牧区中的生态知识、组织以及相适应的政策制度，接着阐述草原生态问题的原因，再反思现行的生态治理过程。

### （一）与“游牧”相关的地方性知识

美国人类学家克利福德·吉尔兹提出“地方性知识”（Local Knowledge）[①] 这一概念，被广泛用于哲学、社会学、人类学、法学等领域。“地方性知识”涉及多个方面，包括各种制度规范、宗教信仰、人际关系、生态知识、宇宙观等。地方性知识中和生态相关的知识，可称之为“地方性生态知识”[②]，是民族通过世世代代的环境适应，不断调适自己，提高生态智慧和技能的过程。这种地方性生态知识有以下三个方面的特征：第一，地方性知识具有不可替代性。地方性知识与当地社会的生产生活有机地结合在一起；第二，发掘和利用地方性知识，是一种成本较低、环境收益较好的举措；第三，利用地方性知识去维护生态安全，既不会损害文化的多元并存，也不会损害任何一个民族的利益，可以维持人类文化的多元并存，并对人类与环境持续性发展至关重要[③]。

本书对“地方性知识”的考察更注重和游牧有关的生态知识，

---

① 〔美〕克利福德·吉尔兹：《地方性知识：阐释人类学论文集》，中央编译出版社2000年版，第223—242页。

② 吉尔兹对“地方性知识”的考察代表作是《深层的游戏：关于巴厘岛斗鸡的记述》，他认为巴厘岛人类似赌博的斗鸡游戏，关注的已经不是物质性获取，而是名望、荣誉、尊敬等“社会地位”，这种“深层游戏”蕴涵了巴厘岛人社会生活的核心意义。在这里，“地方性知识”是针对普遍性的“经济理性”假设进行反驳，凸显了地方性文化的多样性。按照这一逻辑，本文中的“地方性生态知识”，主要是针对于普世性的“科学主义”而言，认为“地方性生态知识”是独立于科学知识体系以外的另一套体系。地方性生态知识可能很难形成一种统一的、普遍的、标准的模式，更多的是“本土化的表达”。基于不同的自然生态面貌，游牧的表现方式也是各不相同。借助人类学的“深描”手法，本文力图挖掘这种地方性的、独特的游牧文化。

③ 杨庭硕：《论地方性知识的生态价值》，《吉首大学学报》（社会科学版），2004年第3期。

这种生态知识也属于“地方性知识”的一种，是传统牧民生产生活的核心特征。目前，国际学术界在这方面的研究主要集中在欧洲、中东和非洲，如西方史学界对欧洲地区过去的游牧业移动规律也有较为详细的研究。相比之下，我国对蒙古族传统游牧业基本形态的研究还不够深入，主要原因在于史料的缺乏和传统形态消失以前民族志调查工作的不足①。

第二次世界大战以后，西方人类学的调查重点转移到了东非和西亚地区，而对我国的游牧状况除了在文献方面有所触及外，鲜有深入研究②。20 世纪 90 年代，一些中亚地区的游牧研究者如 Caroline Humphrey，David Sneat，Dee Mackwilliams 等人做了大量对游牧历史的考察，他们认为，“游牧”是一系列特殊的历史场景中保持着自身活力的地方性知识与技术，环境的恶化与草原生态特点相契合的地方文化的衰微密切相关，一些流动性放牧保持较好的地方，其生态状况要好于那些基本放弃了游牧区域③④。

改革开放以后，中国传统生态制度、规范、文化的研究重新成为研究热点。中国是一个有着长时段生态文化底蕴的国家，它自身孕育了各种传统机制来保护区域生态。千百年来，地方性生态知识对于维护复杂多样的生态系统起到了非常重要的作用。20 世纪以来全球蔓延的现代化浪潮，尤其是自 80 年代以来中国快速的现代化运动，使得民族地区的多元文化格局受到影响，本土的知识让位于外来的知识。以牧区为例，近十多年的牧区现代化进程，快速的发展撕裂了传统，传统地方制度、规范难以奏效，草原利用陷入混

---

① 王建革：《游牧圈与游牧社会：以满铁资料为主的研究》，《中国经济史研究》，2000 年第 3 期。

② 阿拉腾：《文化的变迁：一个嘎查的故事》，民族出版社 2006 年版，第 56—57 页。

③ Caroline Humphrey & David Sneath：*The end of Nomadism? Society, State and the Environment in inner Asia*，Duke University Press/ White Horse Press，1999.

④ Williams，Dee Mack，Beyond Great walls：*Environment，Identity and Environment on the Chinese Grasslands of inner Mongolia*，Stanford：Stanford University Press，2002.

乱状态。在地方性生态知识快速式微的背景下，重新燃起地方性生态知识的研究志趣格外重要。

王建革以满铁机构和伪满机构在呼伦贝尔草原做过的调查为基础，对呼盟草原冬营地时期人、畜和草原的关系进行剖析[①]。他认为传统游牧方式是人为适应草原生态而必然采用的一种生产方式，其目的是在维持草原生态平衡的基础上，实现最大化的草原利用[②]。王建革的研究主要是从生态学的角度论述，对游牧制度、组织与牧区生态环境的关联性稍有提及[③④]。他对呼盟游牧方式、游牧圈、游牧群体的考察应该是目前较为完备的研究之一。

马戎等人在对内蒙古锡林郭勒盟北部纯牧区的研究也证实了这一点：蒙古族注意夏营地、秋营地之间的轮牧制度，是基于草原保护持续利用的选择[⑤]。麻国庆从蒙古族的游牧技术传统、居住格局、轮牧的方式以及蒙古族的宗教价值与环境伦理等方面，较为全面地揭示了民间环保知识体系，直接或间接地对于草原生态的保护发挥了积极的作用，认为在具体社会经济发展中，要考虑此民间知识体系的合理内涵[⑥⑦]。阿拉腾以翔实的民族志考察了内蒙古乌兰察布市地区的阿达日嘎嘎查的文化变迁。这些细致和深入的地方

① 王建革：《游牧方式与草原生态：传统时代呼盟草原的冬营地》，《中国历史地理论丛》，2003年第2期。

② 王建革：《游牧圈与游牧社会：以满铁资料为主的研究》，《中国经济史研究》，2000年第3期。

③ 王建革：《近代内蒙古草原的游牧群体及其生态基础》，《中国农史》，2005年第1期。

④ 王建革：《夏营地游牧生态：以1940年左右呼盟草原为例》，《中国农业历史学会第九次学术研讨会论文集》，2002年。

⑤ 马戎、李鸥：《草原资源利用与牧区社会发展》，载潘乃谷、周星《多民族地区，资源、贫困与发展》，天津人民出版社1995年版。

⑥ 麻国庆：《“公”的水与“私”的水：游牧和传统农耕蒙古族“水”的利用与地域社会》，《开放时代》，2005年第1期。

⑦ 麻国庆：《草原生态与蒙古族的民间环境知识》，《内蒙古社会科学》（汉文版），2001年第1期。

性知识和实践的描述，为研究内蒙古游牧制度提供了很好的经验材料[①]。

游牧是人类适应环境变迁的生计手段之一，在生态方面发挥着积极的作用。Wolfgang Weissleder 等人类学家注意到，游牧民族会在不同的环境中，选择或调适出多种游牧技艺以适应当地特殊的环境。这种文化适应常表现在人们饲养不同种类、数量的牲畜（畜产构成），不同的季节放牧方式，兼营不同的辅业（辅助性生计），与外界或定居聚落发展特定互动模式，以及为配合这些生产活动而有特定家庭与亲属关系、部落组织等[②]。

游牧经济遵循的是人、畜、草三者平衡的规律。额尔敦扎布认为中国北方的游牧业具有久远的历史，游牧是利用草地资源的主要方式。先民们或许比现代人更懂得这一道理，因而他们在几千年的利用过程中没使草原退化或沙化，年复一年地循环使用，创立了独有的持续发展类型[③]。葛根高娃、薄音湖从物质层面、精神层面、制度层面三个方面分析了蒙古族传统游牧文化的生态、社会整合功能[④]，认为在当下急需恢复并保持草原生态系统正常的过程中，要重新借鉴传统游牧中的生态智慧。目前的放牧制度面临着挑战，不合理的草场承包制度加速了草牧场退化，因此，制定合理的游牧制度是进行草原牧区可持续发展的必要措施，重建游牧合作经济制度具有重要的意义[⑤]。

从保护生态环境来说，游牧是非常适宜的生产生活方式。游牧

① 阿拉腾：《文化的变迁：一个嘎查的故事》，民族出版社 2006 年版，第 52—59 页。

② 王明珂：《游牧者的抉择：面对汉帝国的北亚游牧部族》，广西师范大学出版社 2008 年版，第 20—27 页。

③ 额尔敦扎布：《游牧经济的合理内核——人与自然的和谐》，《内蒙古统战理论研究》，2007 年第 2 期。

④ 葛根高娃、薄音湖：《蒙古族生态文化的物质层面解读》，《内蒙古社会科学》（汉文版），2002 年第 4 期。

⑤ 敖仁其、林达太：《草原牧区可持续发展问题研究》，《内蒙古财经学院学报》，2005 年第 4 期。

中的“四季游牧”方式是草原民族遵循自然规律、寻求畜牧经济可持续发展的结果。在粗放经营的条件下，游牧是保护生态环境，恢复牧场的最好办法。游牧看似粗放，实则是一种系统的经济活动方式，是人们将季节转换、气候变化、地形地貌、水源水质、牲畜习性、牧草类型和质量等诸多要素纳入同一系统，统筹兼顾而作出的合理安排①。

不仅如此，从游牧地区特定的《大扎撒》《阿拉坦汗法典》《卫拉特法典》等中也可以看出，游牧民族视水草资源为最宝贵的根基。游牧民坚信在生态系统中，人是依附于自然系统的“小命”，所谓的“小命”须从属于“大命”，这里的“大命”就是指草原生态系统。

从已有研究来看，多数学者对传统的游牧方式给予了肯定。在这些文献中，多在还原游牧的原貌，以历时性的视角来记叙“游牧演变”的并不多。本书以陈巴尔虎旗境内的游牧机制为例，将游牧放入具体的社会情景中，阐述其特有的生态功能及演变过程。

### （二）草原环境问题的原因阐释

国内外学者从不同角度阐述了中国草原生态恶化的原因。学界对草原生态问题原因的解释主要集中在以下两个方面：一是从现代性的角度来讨论，二是从农耕文化对游牧文化的影响来分析。现代性和农耕文化是促成牧区环境与社会结构转型的重要因素，这两种力量共同促使游牧方式式微，而与草原生态特点相契合的游牧文化的衰微更加剧了草原环境恶化②，简言之，外部力量导致传统游牧方式的消解，是草原产生生态问题的重要原因

---

① 马宗保、马清虎：《试论西北少数民族传统生计方式中的生态智慧》，《甘肃社会科学》，2003 年第 2 期。

② Williams, Dee Mack, *Beyond Great walls: Environment, Identity and Environment on the Chinese Grasslands of inner Mongolia*, Stanford: Stanford University Press, 2002.

之一。

1. 从反思现代性的角度来思考草原生态问题

以反思现代性的角度而言，草原生态问题是现代性的后果。“中国的现代性转型”是一个跨世纪的、至今未完成的方案，这一问题决定着中国未来走向①。社会现代转型是时代的重大背景，各种生态问题的讨论难以逃脱这一背景影响。边远少数民族地区正处于传统与现代的剧烈转轨过程中，无论是经济、社会还是环境都受到了巨大的冲击。现代性对于牧区的影响是深刻的，环境问题只是其中的一个方面。现代性是一个巨大的系统，呈现出多个面向，金观涛运用系统演化论②探索现代社会的起源，他认为可以从三个方面来阐述现代性：现代民族国家的形成、市场经济的渗透以及经济理性的膨胀，三者之间形成一个巨大的社会文化工程，可视为经济、现代价值与政治制度的耦合（图1—1）③。

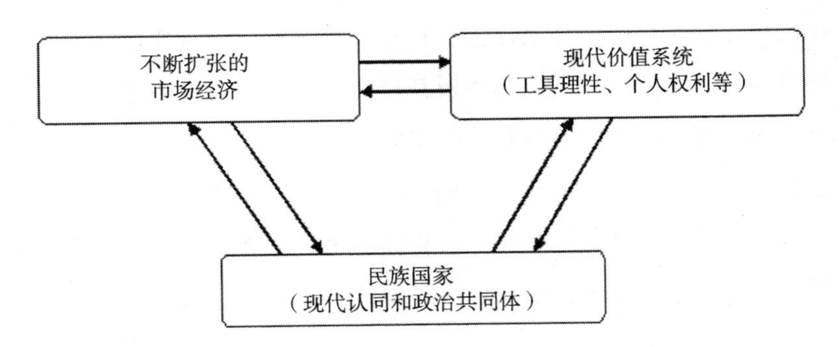


**图1—1　现代社会的基本结构（第一个层面）**

以金观涛的现代性三要素为依据，可以从不同侧面阐述现代性

① 金观涛：《探索现代社会的起源》，社会科学文献出版社2010年版，第2页。

② 金观涛从超稳定系统说解释中国传统社会开始，就很好地将价值系统和政治系统、经济系统有机地糅合在一起。之后，他继续用系统论分析，将经济形态和生产方式与思想史结合，提出了现代性的多个有机组合的面向：民族国家、不断扩张的市场经济以及现代价值系统。

③ 金观涛、刘青峰：《兴盛与危机：论中国社会超稳定结构》，中文大学出版社1992年版，第5—10页。

对草原生态的影响。首先，从现代民族国家的视角来反思草原生态问题。相比传统社会，现代社会中国家对资源的控制能力大大增强。国家的角色并没有因为市场经济而变弱，而是发生了迅速改变，由传统社会中的直接“规训”[1][2] 转变为运用市场手段“调节”社会，治理术从传统到现代发生了根本断裂[3]。现代国家权力的建构和生长，使得地方的生态与社会秩序被重新安排。在草原牧区的管理中，国家承担了越来越重要的角色，越来越接近于吉登斯所说的民族国家概念[4]。草原生态被纳入国家视野后，逐渐标准化、清晰化、商品化，充分体现“规划现代化”[5] 的本质，也带来了不可预想的环境后果。

斯科特在《国家的视角》中论述到，清晰性是国家机器的中心问题，如定居化的努力，是国家试图使得社会更为清晰、重新安排人口的需要，这样的安排有利于传统的国家职能，税收、征兵和防止暴乱等能更为简易地操作。在国家加强对统治对象包括自然环境的控制过程中，官员们都将极其复杂的、不清晰的和地方化的社会实践取消，代之以他们制造出来的标准格式，从而可以集中地从上到下加以记录和监测[6]。在现代国家的建构过程中，可以看到很多这样的案例：复杂的社会图景被标准化、清晰化的安排统辖。按照这一逻辑，草畜承包制度将牧区划分为整齐的、具有清晰边界的

① 〔法〕米歇尔·福柯：《规训与惩罚：监狱的诞生》，生活·读书·新知三联书店 1999 年版。

② 〔法〕米歇尔·福柯：《疯癫与文明：理性时代的疯癫史》，生活·读书·新知三联书店 1999 年版，第 3—22 页。

③ 〔法〕米歇尔·福柯：《安全、领土与人口》，上海人民出版社 2010 年版，第 4—7 页。

④ 〔英〕安东尼·吉登斯：《民族、国家与暴力》，生活·读书·新知三联书店 1998 年版。

⑤ 谢元媛：《生态移民政策与地方政府实践——以敖鲁古雅鄂温克生态移民为例》，北京大学出版社 2010 年版，第 28—30 页。

⑥ 〔美〕詹姆斯·C. 斯科特：《国家的视角》，社会科学文献出版社 2004 年版，第 3—64 页。

地块，可看作一种国家权力的体现。从国家的视角来说，将“现代的”管理方式来取代“传统的”、“地方性的”、“不现代的”游牧方式，化复杂、丰富的社会图景为简单清晰的图像，重新安排牧区的制度、政策，似乎是符合其内在的逻辑，体现了国家管理牧区的简单化。

王晓毅以草场承包等草原环境保护政策加以说明国家决策的简单化和决策过程的再集中。从20世纪90年代开始，国家希望通过草场承包的方式来避免草原发生“共有地悲剧”，但是承包制度打破了草原的整体性，破坏了牧区的地方性规范，加剧了草原使用的冲突[①]。草原环境保护经历了从依靠牧民理性到依赖国家权威的转变过程，反而削弱了环境政策的效力。

荀丽丽分析了现代民族国家的权力形态在草原生态区域内的建构与生长过程及其所带来的复杂的生态后果、社会后果和道德意涵。现代主义具有“规划”本质，民族国家作为现代性秩序的核心充分体现了这一点，按照其自身的逻辑重新规划自然和社会。国家在依其自身的视野与利益，“创制”一个清晰而驯服的“自然”，一个边界明确的个体主义的社会，一个将人与自然简化为“虚拟商品”的市场体系。现代国家权力的建构与成长过程伴随的是地方性的社区共同体日益衰落的过程[②]。

其次，从现代性的第二个要素——市场经济来解释草原生态问题。近年来，这一视角的研究比较多。市场经济对于牧区的影响，和其他类型的环境问题一样，具有普遍性的解释力。西方国家的现代化、市场化历程也充分说明了这一点。日本在早期工业化、市场

① 王晓毅：《环境压力下的草原社区：内蒙古六个嘎查村的调查》，社会科学文献出版社2009年版，第1—24页。

② 荀丽丽：《“失序”的自然：一个草原社区的生态、权力与道德》，中央民族大学博士学位论文，2009年。

化时期也出现了严重的环境问题，如水俣病[①②]。可以说环境问题是市场经济发展到一定阶段的产物。单纯地强调工业化、市场化的主流意识形态，忽视了社区发展的多样性和选择性，在这样的发展图景下，必然制造了大量的环境污染、破坏的事例。

艾伦·施耐伯格（Allan Schnaiberg）提出“生产的跑步机”和“消费的跑步机”理论，认为资本主义具有这种强迫性趋势，就是增加生产，不断消费，增加环境破坏，并导致社会不公平。他对市场经济制度本身进行了批判，认为不断生产，不断消费，追求利润，注意力从环境中转移开来，是造成环境问题的主要根源[③]。众人一起踏上了“生产的跑步机”、“消费的跑步机”，商品关系成为至高无上的社会推动力量，管制了一切。

全部的劳动力、土地、自然、空间等都要按照市场价值来估算，并通过市场的流通来实现其价值的增值时，就接近为一种“生产条件的资本化”状态。波兰尼指出，在转向市场社会[④]时，经济试图“脱嵌”于社会，并进而支配社会。一个“脱嵌”的、完全自我调节的市场力量是十分野蛮的力量[⑤]，这种方式很容易导致更为严重的生态、社会危机爆发。

在牧区，市场经济的扩展直接加速了“自然资本化”（capi-

---

① 日本晚于西方走上现代化道路，经过60年代的高速经济增长加入“已实现了现代化的社会”的行列，同时面临着环境问题。中国的现代化过程和日本在现代化过程中，制造出了大量的环境问题。和西方国家的环境问题相比，中国的情况与日本更为接近，都是在追赶现代化过程中，制造出了大批环境问题。对于中国中西部广大民族地区，这一现代化过程更晚，还正在进行着，因此用“现代性”视角切入这些地区的环境问题分析更为恰当。

② ［日］富永健一：《日本的现代化与社会变迁》，商务印书馆2004年版，第10—27页。

③ Bell M（ed.）：*An Invitation to Environmental Sociology—2nd edition*，Thousands oaks：pine Forge Press. 2004.

④ 波兰尼认为，在传统社会，人类的经济是附属于其社会关系之下的，而现代社会是市场关系无限扩充以至于占据所有领域的社会，他将现代社会称为市场社会。

⑤ ［英］波兰尼：《大转型：我们时代的政治与经济起源》，浙江人民出版社2007年版，第13—22页。

*talization of nature*)[①]，传统畜牧业从自给、半自给的经济向商品经济转换，牲畜不再主要作为一种封闭的环境中人们赖以生存的生活资料，而是变成了有利可图的商品，它的价值需要通过市场交换来体现。在这样的市场经济潮流下，牧民开始学会克服传统的"惜杀惜售"习惯和"恋旧"情结，不断提高出栏率和出卖率[②]，忽视母畜、草地生产力的持续性发展，最终导致草原生产力持续下降。

中国的社会转型伴随的是全方位的巨变。洪大用以社会转型这一分析框架入手，认为目前的体制转轨以建立的市场经济体制、放权让利改革和控制体系变化为主要特征，这一巨变带来了自然环境的结构性转型。同时以道德滑坡、消费主义兴起、行为短期化和社会流动加速为主要特征的价值观念变化，在很大程度上进一步加剧了中国环境状况的恶化，这些都是促使环境问题产生的社会成因[③]。

环境问题产生的原因不仅仅来自于市场经济体制本身，也来自于整个社会心理层面的快速转型。从现代性的第三个要素，社会心理层面之工具理性来解释草原生态问题也颇为重要。从已有文献来看，从社会心理层面来解释草原生态问题的研究还比较少。国内外的已有研究给予了新的启示，在《生态危机的历史起源》一文中，林恩·怀特认为西方社会的基督教中人与自然的对立紧张关系是现代生态危机的历史根源[④⑤]。这和韦伯关于"新教伦理与资本主义精神"的关系论述是一致的，都认为宗教对资本主义的影响力之

① Escobar Arturo, *After Nature*: *Steps to an Anti－essentialist Political Ecology.*, *Current Anthropology*. 1999.

② 张雯：《草原沙漠化问题的一项环境人类学研究》，《社会》，2008年第4期。

③ 洪大用：《当代中国社会转型与环境问题：一个初步的分析框架》，《社会学》，2000年第12期。

④ White, Lyn, Jr: The Historical Roots of Our Ecologic Crisis, *Science*, 1967, 1203—1207.

⑤ Moncrief, Lewis W: The Cultural Basis for Our Environmental Crisis, *Science*, 1970, 508—512.

大。韦伯所指的“资本主义精神”，意为宣扬诚实、勤劳、积极，并要求在社会经济制度下，理性、合理的赚钱，个人有增加自己资本的责任，并把获利作为人生的最终目的。新教徒通过世俗的经济行为，努力地赚钱来荣耀上帝，化解内心深处强烈的紧张和焦虑[①]。这种精神状态扩展到人与自然的关系中，也呈现出一种紧张的对立关系。人与自然是二元对立的，人必须不断地利用自然，改造自然，将自然为我所用，转化为货币……这是一种工具理性的膨胀。这种工具理性化的精神可以为市场经济不断扩张、科技无限运用提供价值动力和道德上的正当性，加快推动现代化进程。

中国社会也难以逃脱这种“工具理性”精神气质的快速蔓延。陈阿江认为近代中国在“生存或死亡”的两难中选择了追赶现代化的自强之路。因为担心落后、急于追赶而焦虑，并建立起激进的追赶现代化制度，产生了比西方社会“跑步机之生产”还要严重的环境问题。无论是50年代末的“大跃进”，还是随后的“后跃进”，均源于一种怕落后而焦虑、以求速成的心理。它们具备某些共同特点，一是落后的困扰。中国是一个特别看重自己历史成就的国度。迟至清朝中叶乾隆皇帝还认为中国是“天朝上国”。在中英鸦片战争、八国联军入侵北京、中日甲午战争等一系列的失败中，中国人才意识到中国落后于世界，随后常常为落后所困扰。二是目标的急迫性。目标似乎很明确：孙中山的“跃进”目标就是要追赶后起的美国和日本。20世纪50年代的“大跃进”目标是“超英赶美”。“后跃进”的核心目标主要是追赶发达国家。由于追赶的不确定性，预期并非能轻而易举地实现，所以产生了焦躁情绪。三是冲动的动力源与组织结构的特殊性。组织实施“跃进”运动的动力，外部是发达国家已经实现现代化的压力，内部源于急于成功的民族心理。组织上则建立了一个具有极强动员能力的现代化组织。人民公社化运动以后，政府可以完全控制和动员历来被视为

① 〔德〕马克斯·韦伯：《新教伦理与资本主义精神》，群言出版社2007年版。

“一盘散沙”的最基层的中国村落[①]。这种从社会心理的视角来解释中国的环境问题具有很强的解释力。

社会焦虑的心态和以现代科学技术为手段的现代工业实践相结合，环境资源被掠夺的程度和速度是超乎想象的。可以对比人民公社时期和市场化时期，这两个时期都有某种社会焦虑心态，但是市场化时期科学技术与社会焦虑结合得更为紧密，从而对环境的破坏力度更为激烈。人民公社代表了一个狂躁、头脑发热的时代，狂热的政治运动对环境、社会、人口、经济等方面所带来的一系列负面影响[②]。在市场化时期，这种明显的狂热心态并未减缓，在科学技术的外衣下，可能越演越烈。甘阳认为中国目前的情况是，社会充满了功利主义、实用主义、专业主义、唯科学主义、唯技术主义、唯市场取向的庸俗化方向[③]，道德风貌发生了快速转变[④]。工具理性激发了普遍的利用自然、改造自然，从自然中谋取利益的心态，从而引发了更大程度上的环境危机。

*2. 从农耕文化与游牧文化的差异性来思考草原生态问题*

20 世纪 80 年代，学者们开始关注到农耕民族进入牧区后带来的影响。1984 年费孝通的《三访赤峰》[⑤][⑥]，以及 1985 年至 1990 年由北京大学社会学院主持的“中国边区社会经济发展研究”提供了一些草原地区社会经济的变迁状况，这些研究开始关注汉族移民群体。汉族移民正是农耕文化的代表者，这一群体促使牧区的社会、经济、生态发生了一系列的变化。

另一些学者认为，游牧文化与农耕文化的冲突是造成草原生态

---

① 陈阿江：《次生焦虑：太湖流域水污染的社会解读》，中国社会科学出版社 2009 年版，第 1—10 页。

② 如当时的农业学大寨运动被认为是一场很严重的环境破坏运动。

③ 甘阳：《通三统》，生活·读书·新知三联书店 2007 年版，第 93—94 页。

④ 流心：《自我的他性：当代中国的自我系谱》，上海人民出版社 2005 年版，第 1—7 页。

⑤ 费孝通：《三访赤峰》（上），《瞭望》，1995 年第 39 期。

⑥ 费孝通：《三访赤峰》（下），《瞭望》，1995 年第 40 期。

恶化的重要原因。将农耕文化和游牧文化进行系统对比发现：游牧是维持草原生态体系平衡的有利方式，是对草原自然环境的高度适应；而农耕则以生产力的稳定与地力的持久为其特色，是对农地生态系统的长期适应，这两种生态体系在性质上有很大差异，与其相适应的生产方式也不同。麻国庆提到在中国的草原生态区，常常被来自民族的、政治的、军事的、文化的等因素所打破，这一点在中国北方的沙漠草原区，表现尤为突出。具体表现在游牧民族和农耕民族在历史上的冲突①。游牧和农耕是两种不同的生产方式，二者所依据的生态体系不同，因此，当适合游牧的草原如果被农耕文化“改造”的话，生态环境必定受到影响。

外来的农耕移民对内蒙古地区的冲击是不容忽视的。长期以来，内蒙古地区以畜牧业为主，传统的游牧生产方式有利于维持草原的生态平衡。随着汉族移民的大量迁入和汉族移居区的大片形成，势必对蒙古游牧社会制度及整个内蒙古地区的民族、经济、文化格局及生态面貌产生极其深刻的引致效应②。声势浩大的塞外移民不断地对草原进行开垦，在极其脆弱的生态条件下，开垦草地本身（不管如何开垦）就会导致生态失衡，不可避免地形成“农业吃掉牧业，沙子吃掉农业”的恶性循环。

中国历史上不乏农耕向边疆挺进的事例。以明代为例，除去内蒙古河套地区屯兵驻扎外，许多内地贫民纷纷地迁入内蒙古地区，在隆庆和万历年间（公元1570—1582年）已达70.5万人。大规模的内地农民迁入导致农耕规模再次扩大，喀拉沁、土默特地区的开垦情况已达当时内地的程度③。

恩和认为“过牧型荒漠化”的主因是社会经济转型期间的制

① 麻国庆：《“公”的水与“私”的水：游牧和传统农耕蒙古族“水”的利用与地域社会》，《开放时代》，2005年第1期。

② 闫天灵：《汉族移民与近代内蒙古社会变迁研究》，民族出版社2004年版，第1—2页。

③ 色音：《蒙古游牧社会的变迁》，内蒙古人民出版社1998年版。

度安排失误。内蒙古草原荒漠化的加剧已年深日久，目前正在向集中连片扩展。其直接原因是在草原牧区长期实施“重农轻牧”的产业选择，因此属于“垦殖型荒漠化”，但其背后的文化根源却是农耕文化的侵入和游牧民族自身在文化上的农耕化。他举例“中亚游牧文明的变迁”考察队曾观察到这样的一个事实，凡传统文化所受冲击较少，即对适应自然环境的传统习俗保留较好的区域，都是草原植被保持完好状态的区域；反之，凡传统受冲击严重，传统习俗大量失传的地区，也是荒漠化形势严峻的地区①②。

农耕文化对牧区的影响，既有显性的，也有隐形的。总体来说，农耕文化对牧区的影响不仅停留在农地扩大这些事例中，而且停留在外来群体的深层意识里面，潜移默化不易察觉。农耕文化的影响延续至今，在诸多政策和制度中方见端倪。学界对近二三十年来牧区农耕化的影响缺少翔实的记录，这一时期农耕文化的影响反而容易被忽视。从历时性的角度来看，农耕文化绵绵不息，至今对牧区都有影响。农耕文化到底对牧区有哪些影响书中的实地调查材料可以进一步证实。

关于草原生态问题的原因研究，现代性和农耕文化的影响都是深远的，但是目前国内外还没有将这两种原因结合起来讨论。笔者在陈巴尔虎旗的实地调查发现，这两方面的原因均对牧区有至关重要的影响，因此书中的第三、第四章力求综合这两种视角进行案例分析。

### （三）草原管理相关研究

关于“草原管理”的讨论似乎成为现代性语境下的话语。过去中国草原牧区本身存在一套精致的管理，近年来牧区生态传统知

① 恩和：《草原荒漠化的历史反思：发展的文化维度》，《内蒙古大学学报》（人文社会科学版），2003 年第 2 期。

② 恩和：《蒙古高原草原荒漠化的文化学思考》，《内蒙古社会科学》（汉文版），2005 年第 3 期。

识式微，一些外来的草场管理模式反而成为了热门的话题。过去草场的管理和使用涉及诸多方面，如部落之间草场范围的划分，部落内部草场资源的再分配、迁徙时间、迁徙路线等[①]。在传统社会更多的是通过宗教、信仰、道德的力量对个体行为产生制约力[②]，从而规范草场使用。从某种程度来说，这种制约力往往超过现代社会中政府所制定的种种强制性的规章制度。如今传统的草原管理机制被迫瓦解，各种现代化的管理制度设计提上议程。在诸多草原现代化管理模式和制度中，最为典型的一个例子就是草原产权明晰方案。

通过明晰产权来解决草原生态问题的观点认为，不同的产权体制下有着不同的管理效果。产权明晰可以使得产权拥有者生产积极性更高，效率更高，产出更大。关于草场产权的问题，代表作有哈丁的“公地的悲剧”理论。草场承包制度和“公地的悲剧”理论有一定契合，在实行草场承包制度之前，因为外来人群进入牧区，导致草场的所有权和使用权曾一度陷入混乱，确定产权以防止“公地的悲剧”的做法得到了管理层的认可。哈丁的“公地的悲剧”中举了一个放牧的例子，意思是如果草地是公共的，那么每个牧民基于经济理性的考虑，都会尽可能地增加自己的牲畜，使得草原超载引发生态问题[③]。这和日本环境问题研究学者船桥晴俊提出“社会两难”（social dilemmas）[④] 具有相似逻辑，人们都在进行私人的行为时，如果不受限制地盲目追求自我利益，而忽视这种行为累积的负面效应，致使集体财产恶化，这种后果又反过来对单个行为主体和其他的主体产生不利的影响，具有这种结构的状况叫

① 马宗保、马清虎：《试论西北少数民族传统生计方式中的生态智慧》，《甘肃社会科学》，2003 年第 2 期。

② 〔法〕爱弥儿·涂尔干：《宗教生活的基本形式》，上海人民出版社 2006 年版。

③ Hardin, Garrett: *The tragedy of the commons*, *Science*, 1968 (162): 1243—1248.

④ 概念源自于船桥晴俊所著《環境社会学入門：環境問題研究の理論と技法》一书。

“社会两难”①。因此解决“公地的悲剧”的有效办法就是“私有化”。如果草地是牧民自己的，过度放牧的结果由牧民自己承担，牧民就会自觉限制牲畜数量。基于这种理论，当草原被划分到户以后，每个牧民都会保护自己的草原，那么整个草原就会得到保护。

但是通过产权来解决草原管理问题，似乎有些简单化。1994年，哈丁发表了论文，重新指出“公地的悲剧”产生的原因不仅仅是产权公有，而是因为没有管理。他认为解决环境使用的外部性问题，主要有两种方法，一是通过私有化减少公有地；二是通过国家权威来对个体行动者实行监管。第一种方法已经出现了新的问题，就是在解决“公地的悲剧”的同时，又带来了新的“私地的悲剧”；第二种方法也有一些问题，比如仅仅依靠国家自上而下的监管，往往容易忽视丰富的地方知识，和地方社区不一定完全契合。同时，对于草原这种广阔的生态资源，国家的监管往往事倍功半，实行有效的监管比较难。针对这两种解决方案所存在的弊端，反对者们认为，草原划分到户以后的被分割成不同的单元，由此而来的牧民定居过程，游牧方式终结，直接加剧了草场斑块性退化。

哈丁的“公地的悲剧”理论引致了很多批评，但是通过产权制度改革来避免共有地悲剧的认识仍然被盲目地遵从，一些国家开始通过减少公有草原作为保护草原生态的措施之一。在中国，20世纪90年代以来逐步实施的草畜承包制度，这种方式并没有阻止草原的进一步恶化，草原“私地的悲剧”同样上演。事实上，对“公地悲剧”理论需要在一定的社会文化背景下去理解。“公地的悲剧”理论与中国传统游牧时代情况不相符合，古代几乎所有的草原都是公有的，但是也没有什么生态问题。中国的特点在于，传统时期恰恰存在着一套精细的传统生态管理机制，社会的快速转型，“传统”的消逝，才导致了“公地”的悲剧。因此，盲目地照

① 包智明、陈占江：《中国经验的环境之维：向度及其限度——对中国环境社会学研究的回顾与反思》，《社会学研究》，2011年第6期。

搬国外产权理论产生了严重的负面影响。

另外一种观点认为挖掘并保护好传统的地方知识、规范将有助于草原生态的维护。奥斯特罗姆的《公共事务治理之道》给予了新的启示。和过去试图引入外来力量来重新设计、管理草原的观点不同，她认为传统文化和社区规范对于共有资源的管理依然具有重要的作用。在她看来，草原、森林和海域这类资源，要阻止其他人进入是很困难的，资源的排他成本很高（如草原普遍建立网围栏的成本，这种设施又很容易被外来者破坏）。世界上有很多地区有管理很好的“共有地”，这些“共有地”的管理有的是长期传统制度的延续，有的是通过新的制度设计建立起来的。这些案例有一个共同的特点，就是依赖地方性的社会规范和制度。制度规范产生于当地，符合当地多样化的条件，并被当地人所接受①。

国内学者也对草原管理提出了自己的看法。朱晓阳在《语言混乱与草原共有地》一文中，引用“民族志”资料，从一个牧业社区的历史过程和社会制度方面，探讨草原共有地管理方式以及如何走出草场管理规则的“混乱”②。他把民族志的方式与一些“宏大问题”结合起来，将牧民生计特征和时间、地理、现实等联系起来讨论，回应了“公地的悲剧”与地方现实的某种不契合性。

环境管理政策需要综合多方社会力量，探索符合当地生态多样性与文化多样性的整体性制度安排。包智明、荀丽丽通过对内蒙古S旗进行实地调查，研究发现在生态移民政策的实践过程中，地方政府处于“代理型政权经营者”与“谋利型政权经营者”于一身的“双重角色”。这种自上而下的生态治理脉络，地方政府关于各种关系的连接关键点，致使其他社会力量难以有效参与其中，使得

① 〔美〕埃莉诺·奥斯特罗姆：《公共事物的治理之道——集体行动制度的演进》，上海译文出版社2012年版。

② 朱晓阳：《“语言混乱”与法律人类学的整体论进路》，《中国社会科学》，2007年第2期。

环境保护的效果充满了不确定性[①]。

《环境压力下的草原社区》一书中，王晓毅通过内蒙古六个嘎查村的调查，提出从历史与理论中汲取智慧，在社区合作中推进草场管理。他还提出了社区共管，包含两层含义，其一是社区发展，参与式、自下而上和社区发展协调；其二是延续草地共有的传统。以社区为基础、具有综合功能的牧民合作组织将在草原资源的管理中发挥日益重要的作用。在这个合作领域，不单纯是一个市场机制在起作用，而是一种基层力量的合作。特别是在涉及控制牲畜数量的时候，不在于强化政府的监管，而是推进合作的深入发展，建立一种自下而上的保护机制，充分发挥牧民的积极性[②]。

沿着这一思路，杨思远等人通过对巴音图嘎的多次调查，提出草场整合的管理方式，具有较强的现实意义。采取联合经营方式整合草场，特别是组建合作牧场最大的优势就是在生态效益上，一方面，联合经营的规模扩大，在联合牧场内部可以实现季节轮牧，有利于生态恢复；另一方面，联合经营事先确定各户草场放牧天数，便于各户监督自家草场不被过度放牧，克服了租赁草场整合的弊病[③]。这种草场联合经营机制有效地实现了牧户之间的合作，是一种较为适合牧区发展的政策探索。

就目前的国内外草场管理研究来看，积累了一定数量的成果，但是基础研究依然薄弱，本土理论建构仍显不足。西方关于环境问题的解释虽然具有一定的普适性，但是毕竟是基于西方社会背景而进行的环境问题解释。中国的草原环境问题需要本土理论对社会现实作出更契合的解释。中国经验的特殊性和复杂性决定了要解释中国问题必须立足于本土经验，国内外的环境社会学研究的理论和方

① 荀丽丽、包智明：《政府动员型环境政策及其地方实践——关于内蒙古S旗生态移民的社会学分析》，《中国社会科学》，2009年第5期。

② 王晓毅：《环境压力下的草原社区：内蒙古六个嘎查村的调查》，社会科学文献出版社2009年版，第201—205页。

③ 杨思远：《八音图嘎调查》，中国经济出版社2009年版，第7—11页。

法可以成为很好的借鉴，但同时需要有本土的经验研究来验证、完善理论。

对于草原的地方知识、环境问题的原因以及草原管理三方面的议题，需要放置在具体的经验案例中讨论。同时，草原环境问题有自己的特殊性，它是一个传统和现代交织的问题，可冠之于历史脉络分析。本书综合结构分析和历史分析方法，以一个区域的环境与社会变迁史来探索草原生态问题的原因。

## 三　研究方法

本研究采用质性研究方法，通过深度访谈、参与式观察等方法搜集研究资料。调查点为内蒙古呼伦贝尔市陈巴尔虎旗（以一个旗（县）域为调查范围[①]）。将内蒙古的“旗”为单位进行调查具有其合理性，清朝时期的传统四季游牧是以“旗”作为基本单元，因此，从一个旗的地域范围来考察传统游牧较为妥当。

作为一项异文化研究，笔者经历了较长时间的实地调查来搜集资料。与研究对象共同生活一段时间，“同吃、同住、同劳动”，用普通人的角度观察和体验当地社区的日常生活，尽可能地靠近当地人的社会生活实践过程。在资料分析过程中，将社会生活和文化现象的阐释建立在对生活过程本身的“深度描写”上，而不是建立在抽象的概念演绎上。根据经验事实案例来进行理论分析，经验材料和理论反复对话，二者相辅相成。田野调查时间主要是在2009年6月8日至20日，7月10日至8月25日；2010年6月至8月；2011年7月，前后持续近半年多时间。

具体的调查时间和内容如下：2009年6月为调查的初步阶段，围绕内蒙古呼盟陈巴尔虎旗、新巴尔虎左旗、新巴尔虎右旗等地进

① 就内蒙古地区而言，县域的范围的相当于中国其他多数地区的地级市范围，或者更大一些。

行区域的概况调查。调查内容包括牧区的生态概况、社会经济发展状况、牧区的制度变迁等。2009 年 7 月至 8 月为调查的第二阶段，调查团队重返故地，前往陈巴尔虎旗的西乌珠尔苏木进行调查。调查以移民社区为切入口，了解外来移民的生产生活史，以及他们是如何利用草原资源，影响当地自然环境的。2010 年 5 月至 7 月为调查的第三阶段，笔者为了扩展调查区域，前往旗内多个苏木继续调查。调查内容主要是 1949 年后制度变迁、基层社会人群互动对牧区生态的影响，并进入牧民家庭进行参与观察和深入访谈，了解他们的生产生活方式转变、心理变化等。2011 年 7 月至 8 月为调查的总结阶段，调查内容主要是梳理旗（域县）的环境、社会变迁史。笔者走访了陈巴尔虎旗的 5 个苏木（镇）和 3 个国营农垦场，对当地政府机构人员、生态精英等进行深度访谈，并收集相关文献资料。

### （一）资料收集方法

#### 1. 现场进入与调查路径

调查地的进入是一个关键的开始。对于笔者来说，调查地是一个完全陌生的地区，没有“家乡社会学”中所具有的熟人关系网络，最初也没有找到“中间人”和“关键人”，导致参与观察和访谈难以深入。后来笔者发现参与社区内的公共事务，通过一些非正式渠道主动地建立关系网络，是进入调查地的有利方式。

研究者和当地人共同去参与一件事情，有助于拉近彼此的距离。2009 年 7 月 10 日笔者进入西乌珠尔的治沙队，参与了当地的治沙活动。经过了多次艰辛的治沙劳动，与当地的多数居民建立了良好的关系，增加了彼此的信任感。当地大多数居民都参与过治沙，当我们也加入了他们的行列进行治沙时，他们似乎更接纳我们，在深入访谈时也更容易找到“开场白”。此外，当地牧民对于治沙行为是很认可的，当笔者提到自己的治沙经历后，牧民们会很乐意与笔者交谈。干一件当地居民都比较认可的事情，有助于融入当地居民。

在调查的过程中，寻找到社区的“关键人”显得尤为重要。风笑天提出过“中间人”的概念[1]，他认为在某些关键的“中间人”帮助下，研究者能更好地进入调查地，参与地方的实际社会生活。对于笔者来说，调查地是一个完全陌生的地方，要寻找到“中间人”并非易事。笔者主动与被访者建立一些非正式的关系，通过长期的互动来增进了解，融入地方。

在调查地中，旅店老板成为重要的“中间人”之一。人际关系广的旅店老板可以给予调查者更多的“资料”。笔者居住旅店时，和多位旅店老板建立了良好的友谊，在她们的介绍下展开调查。如西乌珠尔苏木的店主王阿姨，她有很多牧民朋友，也认识移民社区的不少“老住户”，在她的帮助下，笔者参与了一些非正式的“小聚会”，如“那达慕大会”、“丰收节”、“婚礼”、“朋友聚会”等。通过这些聚会，使笔者得到了一些平时正式访谈难以获得的信息。在认识一部分牧民的基础上，又通过滚雪球的方式寻找更多的牧民进行深入访谈。

2. *参与观察与深入访谈*

本研究强调“田野调查”和“民族志”的重要性。对区域环境史研究是以作者长期的参与观察和深入访谈为基础的。这种研究方式借鉴“彻底解释”精神，这种彻底解释与猜想性的、无休止的解释学论争之间最大的区别就是，它建基于“民族志”作者和当地人面对的共同世界，以共同的“观察”为基础[2]。体验不同群体的日常生活、生产方式，需要一种朴实的心态，暂时先不要把自己放在一个“研究者”的角度，不要带任何预设和偏见，尊重理解当地居民的地方文化。

---

① 风笑天：《社会学研究方法》，中国人民大学出版社 2001 年版，第 254 页。

② 朱晓阳、谭颖：《对中国“发展”和“发展干预”研究的反思》，《社会学研究》，2010 年第 2 期。

为了全面地了解社区的变迁史，笔者将不同的人群进行了分类访谈。访谈内容主要有：基层社会中外来者的移民史、生产生活方式、人际交往等；对牧民群体进行访谈，特别关注老牧民，通过他们了解牧区的历史；对地方政府进行访谈，访谈对象有苏木达（镇长）、普通科员（包括一些已退休的老干部，如畜牧局局长，他们对牧区过去的情况也较为了解）。农垦集团的机构设置相对特殊些，访谈对象主要是：生产队队长、畜牧部部长和农垦场场长。

在访谈过程中，对于某一关键而难以厘清的问题，可增加询问次数，不能匆匆定论。也可以询问不同的群体进行答案校对，或通过熟知当地的"关键人"来甄别材料。比如笔者在调查中遇上"草原上的沙带是自然形成的还是人为造成的?"这一问题，曾经困惑了很久，当地居民给予了各种答案，难以定论。从2009年至2011年间询问了很多次，最后在几位地方生态精英的访谈中确认了"沙陀子的由来和生态功能"，并且这一判断还得到了1823年绘制的满文呼伦贝尔地区地图证实："旗内的沙带由来已久。"

具体的访谈是一个情景化的过程。"情景化"的意思就是我们不要忽视观察"访谈场景"，每次场景都诠释着额外的信息。被访者的家居环境、社会圈子，访谈时的衣着、神情、行动和语态等都隐含着某种社会意义，这些信息有助于进一步辨别被访者的立场、利益、情感因素等。在访谈开始时，可以先以被访者的个人生活史作为切入点，对被访者的日常生活有一个初步了解。这是被访者容易接受和进入的一个话题。每个人的生活过程都是独特的，被访者的个性和生活经历赋予访谈不同的意义。

对于访谈者来说，进行访谈时，"悬置"原有知识体系[①]，切勿引导被访者进入预先设计好的"理论逻辑"。在访谈中随时发现新问题，深究新问题，最后提炼出一般的规律。访谈者和被访者有

---

① 曹锦清：《黄河边的中国：一个学者对乡村社会的观察与思考》，上海文艺出版社2000年版，第15页。

可能相互“误读”。对于被访者来说，他们的话语具有情境性，有时会“夸大”或者“改变”原有的意思。这就需要访谈者对话语进行“真”、“假”的判别。通过不同的访谈群体相互校对访谈内容，或是通过“关键人”、“中间人”来筛选信息都不失为有效的方式。等到分析资料的时候，再从大量的案例中“抽离出来”，客观地进行分析。

参与观察在研究中也同样重要。笔者亲身经历了牧户的整个放牧过程，与牧民共同生产生活了一段时间。也参与了草原治沙过程，与工人一起做沙障、种草植树。并对外来者群体进行了“作为参与者的观察”，在相处的日子里，观察他们如何偷挖药材，如何卖给收药材户，如何买卖草场，如何找牧民代养牛羊等。总之，通过大量的观察和亲身体验，来获取对牧区更深的认识。

3. 文献资料收集

传统游牧民族“逐水草而居”，流传下来的历史记述较少。不仅如此，目前对于游牧民族早期历史文化方面的记叙有不少是基于农耕民族的思维来撰写的，具有民族偏见。在文献收集过程中笔者更多借助于一些地方性文献：如地方志、史料、统计年鉴、传记等。市志、县志、旗志等是对地方社区总体概貌了解的关键文献，除此之外，在文献资料收集过程中，经典历史读物也是重要的资料来源，如《蒙古秘史》等，这些资料可作为历史背景资料参考。

调查中，笔者前往盟、旗的各档案馆、档案局收集地方志资料，先后去了呼伦贝尔市档案局、海拉区市档案局、陈巴尔虎旗档案局等地。在旗/苏木各级政府部门调查过程中，收集旗县、苏木、农垦地区的一些经济、社会相关数据。此外，笔者多次进入旗县内的博物馆、了解馆内遗物展出。通过博物馆的历史遗物介绍、文献展出等来分析地方史。调查地的文献记载有限，博物馆成为地方历史的重要记载方式。笔者在陈巴尔虎旗博物馆馆长的帮助下，也接触到一些的文本资料，了解旗原初的文化背景。

### （二）资料分析方法

资料整理是资料收集阶段过渡到资料分析研究阶段的中间环节①。每天访谈完之后，笔者都会及时整理录音，并当天写好调查日志。调查日志和访谈成为笔者撰写书籍的基础材料。这些日志和访谈开始比较“分散”和“粗糙”，需要重新进行检查、分类和简化，并冠之以一定的逻辑框架。整理调查日志和访谈内容是资料分析的“前奏”，也是关键的基础工作。

在资料的分析中，主要运用的是“拓展个案法”。首先是将调查中不同的苏木（乡镇）进行类型归纳，在多个苏木案例的基础上，形成一个旗的概貌。费孝通在做社区研究的时候，常用到的方法就是“类型学研究”，依循一定的原则、特点选取社区，通过诸多的社区研究来反映中国社会结构的全貌。比如费老在《江村经济》中对“手工业比较发达农村”的研究，之后他与张之毅在禄村、易村和玉村的调查，就是按照“有没有手工业”，“手工业、商业的发达程度”来进行的类型学比较分析②。笔者在这次调查中，分析各个苏木，按照受到农耕文化影响程度不同，将旗内的苏木/镇可以分为两个类型：一类是普通的苏木；另一类是农垦集团成立后形成的苏木/镇。此外，笔者将陈巴尔虎旗一带的牧区作为“纯牧区”（和内蒙古其他地区相比，这里的牧业比例较高），之后又前往了内蒙古其他“半农半牧区”进行考察，对比了解农耕文化的演化过程，试图可以得出一个区域性的结论。

把个案放在历时的背景下去理解，也可以拓展个案。比如说，国家的体制和制度变迁对牧区的影响，其实是一个历史连贯的过程。虽然说草场从“社—队所有”转变到“家庭承包”，在制度方

---

① 袁方：《社会研究方法教程》，北京大学出版社2004年版，第429页。

② 费孝通：《江村经济》，上海人民出版社2007年版。

面是一次重大的转折。但是这连串的制度改革背后，却有一种传承和共通的东西，那就是“农耕文化”的扩散。国家有很多行为是将“农区的经验”直接贯彻于牧区，“大一统”的国家治理方式使得牧区的地方性文化逐渐处于弱势地位。可以说，在中国历史上，没有哪个时代像如今一样“农耕文化”渗透至深。对于中国社会这样有历史感的国家来说，认识到这一点很重要。

对个案进行理论的提升也是拓展个案的方法。格尔兹提出“深描”[①]，在个案中进行概括，同时将个案和宏大的理论关怀结合起来，需要更为广阔的理论视野[②]。在调查前，笔者不带有任何理论预设，而是在田野调查资料收集到一定程度之后，结合自己的调查，进行理论分析。通过对资料的分析来发现案例背后的社会原因。随着时代变迁，任何一个案例不可能是孤立的，从“小社区”可以窥视“大社会”[③]。社会背后的历史文化力量是结构性的。一个个案例似乎是社会的某个“缩影”，个案反复和理论对话，可使得个案上升到对某一类现象重要特征的总结，更好地衔接好微观和宏观之间的关系。

## 四　本书篇章结构

研究以历史视角考查内蒙古一个旗的环境与社会变迁。将该区域的变迁史划分为四个阶段：1949 年前的传统牧区；1949 年后牧区农耕化时期；牧区市场化时期以及近年来的牧区环境治理时期。

---

① 〔美〕克利福德·格尔兹：《文化的解释》，译林出版社 1999 年版，第 3—12 页。

② 格尔兹在《文化的解释》中提出的“深描”（thick description）概念，将其作为阐释人类学的方法论工具。20 世纪 60 年代人类学领域的田野工作、民族志受到质疑，格尔兹在此背景下试图建构一种新方法论，强调“以小见大、以此类推的观察和认知的方式”。

③ 王铭铭：《小地方与大社会：中国社会的社区观察》，《社会学研究》，1997 年第 1 期。

这四个时期分别对应着本书的第二、三、四、五章。第二章传统牧区的讨论是按照“生态环境—游牧机制—组织—国家政策和制度”的框架书写。根据林耀华的“经济文化类型”概念[①]，任何文化都是在首先适应当地特殊的生态环境中发展出来的。在传统时期，人们改造自然的能力有限，生态环境深刻影响着每一种文化形态。清末之前，中国社会主要存在的游牧文化和农耕文化是各成体系的两种经济文化类型，这两种文化都和地域的生态环境密切相关。从生态学角度来对文化的产生、发展、特征等作出一般性解释具有一定的合理性。因此，由生态环境引申出游牧生产方式、组织方式以及制度设计的书写逻辑较为妥当。

1949年后，国家权力对基层社会的控制力度增强，这就使得国家政策、制度具有非常重要的作用。马戎、李鸥在《草原资源的利用与牧区社会发展——从一个社区看体制改革对畜牧业、人口迁移和劳动力组合形式的影响》一文中谈到，中央政府的政策牢牢地调控着地方一级政府的行政、经济管理体制和生产资料所有制，这些体制（如旧的公社体制和新的“家庭联产承包责任制”）又直接或间接地决定或影响社区的自然资源（如耕地和草场）使用办法，农业和畜牧业生产活动；最终会对自然资源的再生能力和环境生态系统造成强烈的影响。因此“政策—管理体制—自然资源利用—经济活动—生态环境”这就是中国生态环境变化的因果链条[②]。按照这一理论分析逻辑，笔者的第三、四、五章基本上是按照国家政策、制度分析，基层社会组织嬗变，再到基层社会人群的行为与观念。这一书写逻辑也可以看作是“国家—社会”的理论视角。本书中，笔者通过一连串的体制、制度、文化来理解“国家”这一抽象的概念。对于基层社会人群的互动描述中，笔者

① 林耀华：《民族学通论》，中央民族大学出版社1997年版。

② 马戎、李鸥：《草原资源利用与牧区社会发展》，载潘乃谷、周星《多民族地区，资源、贫困与发展》，天津人民出版社1995年版。

则以“行为”、“心理”这两个层面来加以说明。

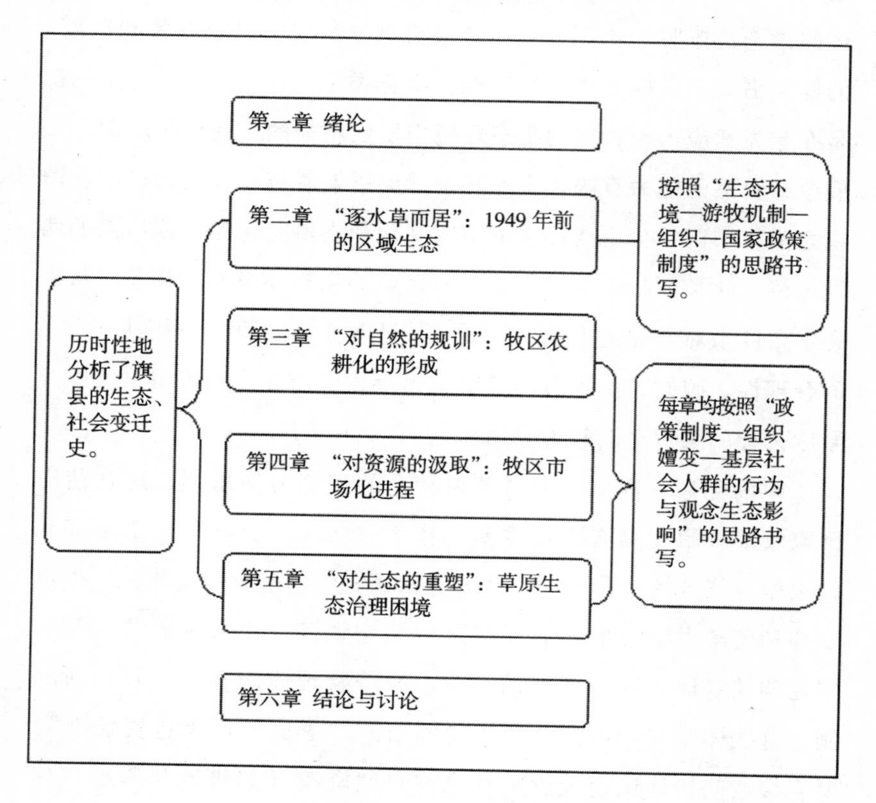


图 1—3 本书框架结构图

第一章绪论。本章首先介绍了选题的背景以及主要的研究问题，然后进行了文献梳理，分为三个部分：与“游牧”相关的地方性知识、草原生态问题的原因阐释以及草原管理相关文献。最后笔者简要说明了自己从 2009 年至 2011 年的四次田野调查中所采用的资料收集、分析过程。

第二章主要介绍了 1949 年前的区域生态。共四个方面，分而述之。第一节介绍旗范围内的生态环境概况。结合调查中牧民对地方生态的理解和地方文献资料，将该地区的草原分为三大区类，这种草原区类的划分和牧民四季游牧的规律息息相关。第二节阐述了在陈巴尔虎旗游牧民族的传统生产方式，分为“大游牧”、“四季游牧”、“分群放牧”三个方面。第三节“适应草原生态游牧社会组织”，包括元朝出现过的“古列延”（调查地所在的区域则为这种组织的“摇篮”和发源地之一），和蒙古社会多数时期存在的，以族群认知为主、分散的“阿寅勒”组织形式。第四节归纳了游牧和农耕制度文化之间的互动和生态影响。

长期以来，传统游牧地区维系了两千多年的生态平衡，形成了良性循环的“人—草—畜”生态系统。游牧生产生活方式、游牧社会组织、游牧制度等均有很强的生态适应性。牧区生态系统呈现大空间内水草资源分布不均衡、自然灾害频发的特点，与此相适应的是牧民终年“逐水草而居”。传统游牧机制中的“大游牧”迁徙模式、四季轮牧和分群放牧技术，其实是在利用草原资源的同时又保护了草原生态系统。这些方式都是在不断地调整草畜压力，从而进行合理地牧草资源的时空分配。不仅如此，游牧社会自发形成的社会组织（“古列延”和“阿寅勒”）具有很强的流动性、灵活性，通过自身的不断变化来利用分散且不稳定的草原资源。国家体制和政策对牧区生态的影响是深刻的，总体表现为农耕民族与游牧民族的“生态之争”。游牧民族统治时期的各项政策和制度非常注重草原生态的保护，以清朝建立初期实行的农区牧区“分而治之”政策为例，这些制度和政策至今仍有借鉴意义。

第三章牧区农耕化时期。第一节介绍了新中国成立后地区受到农区的政策、制度的影响，分为民主改革时期的过渡政策，人民公社时期农耕化制度设计，以及草畜承包制度中的农耕文化进一步扩散。第二节以旗内的农垦成长史为例，阐述这种组织运行方式和生态影响。第三节农耕民族的进入，包括人口变化、农耕民族的生计类型以及生态观念。第四节主要论述传统牧民受到的农耕化制度、民族交往后的转变，最终形成了定居轮牧的格局。

本章将游牧文化与农耕文化进行系统对比，阐述牧区农耕化的生态后果。中国草原生态问题的特殊性在于农耕文化的长期冲击、影响所致，但是目前国内外研究中较少将农耕文化与游牧文化进行历时性的、全面的比较，也较少详细阐述牧区农耕化的环境后果。20世纪90年代以后，牧区的农耕化全面形成，从国营农牧场的建立到新一轮的草畜承包制度，真正意义上的游牧走向终结，草原牧区形成了类似于农耕地区的“小农生产方式”。草原被固化使用的严重后果是，大空间内的水草资源得不到有效调节与合理分配，草原生态系统难以良性循环。

中国的农耕文化势力深厚，这将长期影响到草原生态区域。新中国成立以后，从上层的制度和政策制定、组织运行再到基层社会农耕民族和游牧民族的互动，加速了牧民生产生活方式的农耕化转变。本章除了介绍具有共性的草原制度演变过程，还深入分析了陈巴尔虎旗的农垦集团，这一较为特殊的“农耕化组织”。农垦集团占据陈巴尔虎旗近三分之一的土地。从农垦集团“大起大落”创农业，到“筑室返耕”办牧业的过程可以看出，牧区也逐渐实现“足以自足”、追求五业齐备的农耕化理想模式。农垦集团对牧区产生的影响是复杂而隐性的，农垦的牧业生产早在20世纪50年代初就实行定点放牧，生产方式和农区的圈养极为相似，生产方式的不合理进一步加重了区域草场的斑块性退化。近年来，农垦集团的人数递增，牲畜养殖多，草场过度使用，草场斑块性退化有加剧的倾向。农垦的农业生产刚开始步履维艰，无序开荒，破坏草场，正常能正常运营，生态影响似乎被掩盖。当地的开垦本是为了满足粮食需求，但是这一地带，过多的农业开垦后有一定的负面生态影响。农垦集团处于河流水系上游或发源地，开垦破坏了草地植被，植被涵养水源的能力减弱；同时，农作物占用了更多的水资源，容易导致下游地区干旱；此外，草原被开垦后，生态的整体性被大大破坏了。

牧区农耕化的典型是草场承包制度的实行。草场承包制度虽然将牧民的草场划分为相对独立的空间，避免了因产权不清导致的“公地的悲剧”，但是草场承包到户以后，作为一个完整生态系统的大空间草原破碎为家庭牧场，难以实现传统游牧的“人—草—

畜”调节作用，草场被反复践踏，土地肥力下降，整个草原生态呈衰退状态，“私地的悲剧”继续上演。事实提醒我们，牧区资源如何合理利用并不是选择公共产权和私有产权的问题，而是要根据草原生态系统的自身特点去选择产权形式。失去了对地方性知识体系的思考，任何制度设计都将成为“纸上谈兵”，会产生难以估量影响。对于中国来说，千百年来地方性生态知识对于维护复杂多样的生态系统起到了非常重要的作用，重新发现、传承传统游牧文化中的合理内核，将对民族地区的发展有至关重要的意义。

第四章牧区市场化时期。相比于前两个时期，进入市场化阶段以后，牧区的生态、社会方面发生了更大的变化。第一节介绍了牧区市场化的过程、特征和生态影响。第二节以利益群体视角论述地方政府和企业行为对社区的作用力。第三节是市场化时期外来者的经济活动如何导致草原退化问题。第四节是牧民生计方式的市场化，以及观念的转变。国家和市场的力量结合，带来的最终结果是牧区资源被快速汲取，以及整个牧区原子化开始形成。

基于现实的考察，笔者提出了目前牧区市场化的“双重特征”：即“过度市场化”和“缺少适当规范的市场化”现象同时存在。在这里“过度市场阶段”讨论的是市场与自然的关系，是一个阶段性问题。近十年来，牧区已经建立较为完备的市场，牧区的自然生态都已经进入市场体系。资源商品化的结果是，绝大多数草场都被开采殆尽，且没有给予合理的生态缓冲带和修复时间。在基层社会中牧区资源更多地是“自由放任的市场”在调节，而这种自由放任市场本身也是国家强制推行的。“缺少适当规范的市场化”也普遍存在于牧区，案例中偷挖药材、污染企业转移等现象均是背离环境法规的经济行为。目前中国不是缺少法律文本的规范，而是现实生活缺少行之有效的规范。和西方社会历来的一套法制规范传统相比，中国市场经济的一个重要的特点就是表达和实践的背离，人们不按照法律条文办事，还是依据情景来行动，这使得环境行为没有得以适当的社会约束。

本章特别关注了牧区市场化进程中外来者群体的行为、观念及其生态影响。草原生态问题并非牧民这单一群体造成的，外来群体对内蒙古草原生态产生了深刻的影响，他们通过各种经济活动：“偷挖药材”、“养殖牛羊”和“买卖草场”等进一步加重了地区草原退化。外来群体成为市场机制渗透进牧区的中枢环节之一，生态环境普遍被视作“资源”和“商品”被“利用”起来，目前草原资源已被过度且不合理地开采，濒临生态的临界值。

在国家力量、市场经济以及外来群体的冲击下，牧民的放牧方式、牧业技术、生产组织等发生了很大转变。牧民生计逐渐走向另一个极端，成为追求利润的“小牧”，同时也承担着草原退化、沙化带来的环境风险。不仅如此，牧民群体开始出现分化，形成了大牧主、多数普通牧户以及“不适应的”贫困牧户。与之相伴随的还有牧区共同体的瓦解，原子化牧区的形成。嘎查、公社的社区的功能已经不同程度地削弱，变成象征意义的符号，牧户成为了主要的行动单元。市场逻辑瓦解了传统意义上的交往模式，随之而来的是社区关系的疏远、信任感缺失等。每个牧户开始独自面对市场，同时也承担了越来越多的生产生活成本。

改革开放以后，草畜承包制度和市场机制，使得传统牧民的生态知识能力被新一轮的机械化所替代，渐渐失去了它的意义。在分割的草场内，越来越不需要牧民们生态知识积累。牧区的传统生态知识体系逐渐式微，而作为承载传统游牧生态文化的牧民处于“失语”状态。

第五章草原生态治理的困境。主要说明了当前社区内的环境政策、制度以及实践过程中存在的问题。包括国家治理视角的“简单化”、“项目主义倾向”、“农耕思维”等，在地方生态治理“休牧禁牧”、“生态移民”、“种树种草”等具体实践过程中，本土生态知识遭到排斥，草原生态治理进入了“怪圈”。表面上来看，一些生态项目、工程取得了一些成绩，但是在实际运行中，这些偏离地方知识的项目难以持续。

草原生态治理具有鲜明的国家动员特色，一方面，国家在生态治理过程中占据了重要的位置，体现了现代性语境下国家规划和设计生态的本质。通过外在的社会控制来消解那些非正式的、实践的地方性知识，国家的角色得到了强化。另一方面，国家已具备“重新规划和设计生态”的经济实力，财政为国家重新规划自然提供了必要的经济支持。国家政策和一整套官方的科学技术体系享有了主导的话语权，而属于地方性的生态知识话语处于边缘地位。

在草原生态治理的地方实践过程中，表现出简单化治理、项目主义倾向、农耕化治理等问题。生态治理往往偏离了初衷，带来更多新的环境风险。草畜平衡制度难以平衡基层牧区的载畜量问题，载畜量的控制更多是市场影响下的结果，现实是绝大多数草原都已经进入市场体系，被最大化利用；休牧、禁牧项目成为了各个部门争夺的对象，这一措施引发了牧区生计可否可持续等问题；生态移民政策创制了一个个被空置的“休闲小区”，牧民的放牧行为表面上受到了生态政策的制约，但他们还是可以通过其他方式使用到草场，草场的生态压力没有得到根本的缓解；盲目的植树种草往往忽视当地的实际情况，一些自然形成的沙地被贴错了“标签”。自然形成的沙地具有重要的生态功能，但是却被错误地治理着，浪费了巨大的社会成本。

草原生态保护从依靠牧民共同体的生态技艺、传统生态观念到依赖自上而下国家治理权威的转变，使得草原生态治理陷入“困境”。基层的大量事实表明，生态治理完全依赖一个外部设计的治理模式——科学理性地设计自然，对地方性生态知识所知甚少，生态治理举步维艰，甚至有加重草原环境问题的倾向。草原生态治理缺乏系统的、可持续规划，在实施过程中也没有很好地考虑当地社区特殊自然、社会环境。总体来说，抵挡不住的现代化进程以及一些不合理的制度设计，制造了一大批“生态问题”，最后又希望通过大批偏离地方实际的工程治理方案来“拯救”，生态治理思路值得反思。

第六章结论与讨论。归纳影响草原生态的两个重要因素：农耕文化的冲击和现代性的扩张（以市场经济为主要特征）。纵观草原牧区的生态与社会变迁历程，牧区仿佛正站在十字路口上，草原生态处于警戒线状态，未来之路仍具有不确定性。我们需要重新反思现有的政策、制度设计，重新发现、传承传统游牧文化中的合理内核。

# 第二章 “逐水草而居”:1949年前的区域生态

要追溯一个游牧区域传统时期的环境与社会概貌并非易事。原因至少有两点，首先，游牧民族的很多历史缺乏系统的文献记载，只是零星地见诸于一些历史资料上。尘封千年的陈巴尔虎旗历史，既没有原始记载，又缺乏相关文献资料。笔者只能搜集到一些历史事件、文字片段，加以自己的理解和整理，尝试描绘出传统时期一个旗的环境与社会图景。其次，近十多年来，游牧方式受到各种力量的冲击，日渐式微，要追溯完整的游牧生产生活方式已有所难度。本章将牧民的口述史、文献资料和遗存的文物古迹相结合来考察调查点的传统游牧方式、组织和制度文化，将游牧这一地方性生态知识体系放入具体的社会情景中讨论，借助民族志“深描”的方式来解读其特有的生态功能。

## 一 生态环境与人口特征

陈巴尔虎旗位于呼伦贝尔市西北部，总面积为21192平方公里，其中天然草场面积17656平方公里。属于“森林—草原”的生态过渡带。这种大面积的草原和森林集中于一处的自然现象并不常见，在中国只有呼伦贝尔境内才有。过渡的自然形态使得当地的动植物种类繁多，各种生态要素作用强烈，环境条件比较复杂。在1949年前，林草相间地带出没着各种野兽珍禽，在草地区最主要的特征就是广泛分布着羊草，特别适合畜牧业生产。旗内地下资源丰富，埋藏了近 13 种矿产[①]。但这一地带抗外界干扰能力弱，一旦遭到破坏，恢复原状的可能性很小。

陈巴尔虎旗是传统游牧的发源地之一，最晚受到农业垦荒等外来影响。从远古到 1949 年前，陈巴尔虎旗人烟稀少。1949 年旗内人口仅 5000 多人，以蒙古族为主。几千年来，这里的生态环境变化相对较小，游牧传统和相对优越的自然环境使得这里的草原生态被完整地保留下来。1949 年以后，这里的环境、社会方面才开始发生深刻的变化。

### （一）气候特征

陈巴尔虎旗的特殊地理位置造就了一种过渡性气候，东部属于半湿润温寒牧业气候区，面积为 8745 平方公里，大部分海拔为 700—1000 米，年平均气温比中西部地区略低，是传统游牧的夏营地。中西部属于半干旱温凉牧业气候区，面积为 10450 平方公里，大部分海拔在 600—720 米，降水量由东向西递减，是传统游牧的冬春营地。

400 毫米的等降水量线被看作是牧区和农区的分界线，陈巴尔虎旗正好位于 400 毫米的等降水量线上。旗内降水量空间分布不均，自东向西由 400 毫米左右降低至 290 毫米，其中，东部地区平均降水量 350—400 毫米；中部平均降水量 300—350 毫米；西南部平均降水量 250—300 毫米。降水量年际变化大，降水保证率低，一年四季中春季的降水相对变率最大，大于 50%，秋、冬季次之，夏季较小。降水主要集中在夏季，夏季多雨、温和、潮湿，多年平均降水量为 200—220 毫米，占年降水量的 71%。夏季雨热同季，也是牧草繁殖及生长的主要季节。

陈巴尔虎旗的气温因子变数较大。4—5 月为春季；6—8 月为夏季；9—10 月为秋季；11—3 月为冬季。春季 2 个月，夏季 3 个

① 有煤、硫铁、萤石、芒硝、铜钼、铁锌、石灰岩、珍珠岩、黑色石英闪长岩等。

月，秋季2个月，冬季5个月。春季气温回升快，变幅大，大风日数最多，天气变化剧烈。平均气温在6.0℃左右；风速为5.1秒/米，最大风速可达26.0秒/米。秋季气温开始逐渐下降，平均气温5.0℃左右。全旗大部分初霜出现在9月中旬，牧草开始枯萎。10月下旬约三分之一的年份形成初冬雪，易遭白灾。冬季漫长而严寒，干燥、晴朗少云，降水以雪的形式出现。平均气温-21.0℃至-20.0℃；极端最低气温为-49.0℃；小于等于-40.0℃的日数为46天。冬季多刮偏西风或西北风①。

### （二）三大草原区类

陈巴尔虎旗位于干湿交替带上，气候的差异、热量、水分平衡状态的区别将会产生不同的生态效果，与此相应的植被、土壤和景观类型均有较显著的差异。1949年前，旗内森林草原景观保护得很好。按自然特征、经济生产能力、牧民的放牧规律可将旗内草原大致可分为东、中、西三大类型，依次是东部森林草原区；中部草甸草原区；西部干旱草原区。

#### 1. 东部森林草原区

陈巴尔虎旗东部地区位于大兴安岭北段支脉的西麓，是森林边缘带，森林边缘所承受的环境压力不同于森林内部，属于生态敏感区，这里也是农区和牧区的两种生态区域间的缓冲带，缓冲带的地形比较复杂，对中西部下游的水土涵养作用非常大，生态一旦遭到破坏将会产生连锁反应。

根据当地牧民的回忆，1949年前，和广大中、西部地区的沙土质相比，东部地区土壤更接近于“黑土地”②，土壤腐殖质层较

---

① 陈巴尔虎旗史志编纂委员会：《陈巴尔虎旗旗志》，内蒙古文化出版社1998年版，第71—73页。

② 传统时期前陈巴尔虎旗东部森林边缘，具有呈狭带分布的林缘草甸，每平方米的植物种数达30种以上，明显高于其内侧的森林群落与外侧的草原群落，但是目前这一地区已经成为“单一物种”的耕地。

厚。东部地区有大型的U状和V状的沟谷，分布着20多个泉眼、20多条小支流，河网发达，是中西部草原地带的水发源地。河水自东向西在草原的缓坡上流淌，每一曲河湾河套，都成了马蹄形的半圆，其中穿插着苇塘湿地。

植物群落分布规律是自北向南由森林向草原过渡，树林、灌木、草原彼此交错重叠，植物种类多。在沟壑、山岭上生长着松树、山杨、桦树等。林缘地带广泛分布着地榆、裂叶蒿、日阴菅等中生草本植物，并混生灌木①。牧草高密，产量高，质量较差。1949年前这一地带的特尼河是旗内海拉尔河以南牧民的夏营地，夏季气候凉爽，蚊蠓很少，特别适宜牲畜放养。

2. 中部草甸草原区

位于森林草原区的西部，一直延伸到海拉尔河以东。这一地带草场类型主要有草甸草原和典型草原，牧草分布广泛，产量高、草质好，散落分布着樟子松林、柳条等沙地植物。草场以碱草植被为主，牧草生长期较短，只有两个半月，比东部、西部草原的生产期短了半个月。草长势不高，嫩嫩的牧草却是畜群夏季增膘、恢复体质的理想草场。

号称"天下第一曲水"的莫尔格勒河就在中部草甸草原区，河流从牧场中间流过，河宽处几十米，河窄处3—5米，蜿蜒曲折。根据当地一位老牧民介绍，莫尔格勒河牧场过去是海拉尔河以北牧民的夏营地。

3. 西部干旱草原区

位于中部草甸草原区的西南区。中、西部两大草原区类的分界线正好以东经119°00和北纬49°40为参照，中部草甸草原区在这条东经线以东，北纬线以北的扇形区域内，折线的西南方向为西部干旱草原区。陈巴尔虎旗的西部干旱草原区属于蒙古高原气候，和

① 陈巴尔虎旗史志编纂委员会：《陈巴尔虎旗旗志》，内蒙古文化出版社1998年版，第62—63页。

东、中部地区相比，这里的降水量偏低，泉眼、支流很少。主要生长着羊草、线叶菊、贝加尔针茅、冰草、野豌豆等牧草。牧草长势较好，是全旗主要的商品草基地。

### （三）主要的自然灾害

千百年来，牧区的自然灾害频繁，牧民改造和控制自然能力有限，一场灾害造成牲畜大量死亡和某一部族衰弱的现象屡见不鲜[①]。和农耕区域相比，草原牧区的自然生存条件十分恶劣。漫长的冬季时常出现的暴风雪等灾害，迫使游牧民不得不寻找新的草场；在降雨量极不平衡的年际，牧草被旱死或被涝死时有发生；牧区还有其他的虫灾、疫灾等，有古文记载突厥时期陈巴尔虎旗一带的地区“二岁四时，竟无雨雪，川枯蝗暴，疾疫死亡，人畜相半”[②]。灾害的频发使得游牧民更多去适应自然。内蒙古历代自然灾害统计[③]见表2—1。

**表2—1　　内蒙古历代自然灾害统计表**

| 次数＼朝代<br>灾名 | 战国 | 秦汉 | 魏晋南北朝 | 隋唐五代 | 宋辽金 | 元 | 明 | 清 | 中华民国 | 合计 |
|---|---|---|---|---|---|---|---|---|---|---|
| 旱 | 4 | 27 | 39 | 30 | 96 | 51 | 87 | 124 | 11 | 469 |
| 水 | | 13 | 21 | 5 | 17 | 30 | 11 | 44 | 22 | 163 |
| 风 | | 7 | 24 | 3 | 5 | 11 | 10 | 6 | 11 | 77 |
| 雪 | | 5 | 15 | 5 | 13 | 4 | 3 | 6 | 8 | 59 |

① 牧业不比农业，农业遇灾，就顶多损失一年的收成，可牧业遇到灾害，可能就把十年八年，甚至牧民一辈子的收成全赔进去了。

② 自然灾害大事记编写小组：《内蒙古历代自然灾害史料》，内部资料，1982年，第88页。

③ 1962年内蒙古政协组织的自然灾害大事记编写小组，断断续续花了二十年编写成内蒙古历代（公元前244—公元1949年）自然灾害情况，统计的史料主要来源于史书、地方志、文献档案、群众调查材料等。

**续表**

| 次数　朝代<br>灾名 | 战国 | 秦汉 | 魏晋南北朝 | 隋唐五代 | 宋辽金 | 元 | 明 | 清 | 中华民国 | 合计 |
|---|---|---|---|---|---|---|---|---|---|---|
| 霜 | | | 14 | 4 | 12 | 14 | 5 | 20 | 6 | 75 |
| 雹 | | 6 | 1 | | 6 | 28 | 20 | 15 | 12 | 88 |
| 虫 | | 3 | 7 | 3 | 9 | 7 | 14 | 13 | 5 | 61 |
| 震 | 1 | 11 | 20 | 7 | 10 | 16 | 20 | 3 | 6 | 94 |
| 疫 | | 3 | 2 | 3 | | 1 | 8 | 4 | 8 | 29 |
| 其他 | | | 3 | 4 | 2 | 4 | 1 | | 4 | 18 |
| 合计 | 5 | 75 | 146 | 64 | 170 | 166 | 179 | 235 | 93 | 1133 |

资料来源：《内蒙古历代自然灾害史料》，第 88 页。

1949 年前，陈巴尔虎旗的自然灾害主要集中在白灾、干旱、黑灾。白灾频繁，意思为持续降雪后的积雪厚度可达 50 多厘米，而后破雪放牧，将畜群迁移，人畜依然伤亡不少[①]。干旱、黑灾时有发生，牲畜无法采食牧草，必须通过迁徙的方式来避灾等。1949 年以后狼群对畜群的破坏也被列为灾害，称为“狼害”，此外牧民在访谈中提到，1949 年前没有过“鼠灾”，但是 1949 年后，特别是市场化时期，“鼠灾”又成为一大灾害。

**表 2—2　新中国成立前陈巴尔虎旗的自然灾害种类（1998 年）**

| 灾害 | 描述/影响 |
|---|---|
| 白灾 | 本旗积雪时间一般为 11 月中旬至第二年 3 月中旬止。一般白灾 112 天，最长达 163 天左右。积雪过深，掩盖了牧草，而积雪表层有硬壳，牲畜不能正常采食。 |
| 干旱 | 秋干旱，草枯黄。火灾，降水量低。 |

① 陈巴尔虎旗史志编纂委员会：《陈巴尔虎旗旗志》，内蒙古文化出版社 1998 年版，第 95—96 页。

续表

| 灾害 | 描述/影响 |
| --- | --- |
| 黑灾 | 初冬，河、湖、泉结冰，少雪或连续无降雪，人畜饮水困难，无水草场不能利用。 |
| 冷雨和湿雪 | 牲畜冻死。 |
| 洪涝 | 水灾，防洪堤边蔬菜被淹，部分草场、菜地、房屋被淹。 |
| 雹灾 | 冰雹，打昏人，破坏房屋，蔬菜地被毁。 |
| 狼害 | 主要是对畜牧业生产造成危害。 |

资料来源：陈巴尔虎旗史志编纂委员会编写的《陈巴尔虎旗旗志》，1998 年版，第 95—99 页。

**（四）人口特征**

在传统社会，人口和当地的生态环境有很强的匹配性。吴松第在总结辽宋金元时期南北人口发展模式不同时，对人口、资源、环境和生产力之间的关系做了分析：“在传统社会，任一地区人口的发展，几乎都受到资源、环境和生产力发展水平的制约。对外移民无疑是人口稠密地区争夺资源的表现方式，没有可以对外移民的空间，就意味着只能利用本区域的资源，人口的增长势必受到限制……一定的生产力水平，决定着人类对自然资源的开发利用程度，因此，同一地区在不同的生产力水平下，当地资源可以供养的人口数量有所不同。”①

草原地区的生态特点之一就是单位土地产出远远低于农业生产。在中国内地的许多地区，通常是人均半亩口粮田，3—5 亩耕地便可以维持一家四口人的基本生活，而在内蒙古地区，却需要几千亩草地才能维持生计。在调查地，10—15 亩左右草地可以养活

① 曹树基：《中国人口史（第五卷）清时期》，复旦大学出版社 2001 年版。

一只羊，100 亩草地养活一头牛。牧户至少需要 200—300 头羊维持四口之家，因此一个牧户家庭至少需要 3000—4000 亩草地。草原的人口密度非常稀疏，这是维持了几千年的一种生态规律。牧区的人口规模不会超过其生态环境所能承受的范围，人口数值一直处于较低的状态。

以清朝时期陈巴尔虎旗的人口数据为例，“1732 年（雍正十年），陈巴尔虎旗被编入索伦八旗，计有兵丁 275 人，同来的 796 名家眷中有多少巴尔虎人没有明确记载。按伊亚铁夫的人口推算方式，即‘八旗总人口为八旗丁数乘以 9’的方式计算[①]，陈巴尔虎旗总人口应为 2475 人”[②]。如果按《呼伦贝尔盟志》中采用的推算方法“以 1922 年户均 7.48 人计算”，陈巴尔虎旗应有 6208 人[③]。另又有史料对陈巴尔虎旗的人口估算，《呼伦贝尔副都统衙门册报志稿》称:“陈巴尔虎旗有男 2163 人，女 2315 人，总共 4478 人。”[④] 当时的陈巴尔虎旗相当于今陈巴尔虎旗与鄂温克族自治旗的总面积，为 6045 多万亩，以人口 5000 人来计算的话，人平均拥有 12090 亩土地面积，和人口密集的农耕地区人均半亩口粮田相比，牧区人均拥有万亩土地面积实为“地广人稀”。

将草原牧区的人口特征和典型的农耕区相比较，则会发现游牧民族人口自然增长率也要远低于农耕地区。有一项对陈巴尔虎旗的典型调查称，1949 年前，陈巴尔虎旗的婴儿死亡率高达 29.5%，人的平均寿命只有 19.6 岁，人口出现负增长，自然增长率 -6.6%[⑤]。在 1949 年前，整个巴尔虎部族蒙古族人口情况都呈

① 关于旗人的人口统计方法，史学界大多采用伊亚铁夫的推算公式。他的公式就是八旗总人口为八旗丁数乘以 9，即为八旗人口的总和。

② 孛·蒙赫达赉:《巴尔虎蒙古史》，内蒙古人民出版社 2004 年版。

③ 苏勇:《呼伦贝尔盟民族志》，内蒙古人民出版社 1997 年版。

④ 清朝呼伦贝尔副都统衙门编:《呼伦贝尔副都统衙门册报志稿》，呼伦贝尔盟历史研究会 1986 年版。

⑤ 张增智:《内蒙古地区蒙古族人口历史与现状概述》，载刘时还《内蒙古少数民族素质研究》，内蒙古大学出版社 1994 年版。

现出“高死亡、低寿命、负增长”的特点，很大一部分原因和当地的生态情况、游牧民族的生产生活方式、自身的生育观念、地区疾病等因素相关。

在长期的发展过程中，游牧地区形成了一系列为稳定资源而约束人口数量的文化风俗。从《蒙古秘史》中可以看到，传统的游牧地区基本是靠族外联姻，或是所谓的“抢亲”，这种生育制度往往会导致生育率普遍较低。有人类学家在研究部落社会时发现，部落社会盛行的“走婚制”比小家庭制度更有利于控制人口①。游牧地区的生存环境恶劣，自然灾害频发，从事日常牧业生产的牧民们往往操劳过度，各种疾病缠身。此外，游牧民族有所谓的“好战传统”，长期的战乱使得人口难以快速增长。

葛剑雄认为中国的人口增长有很明显的民族不平衡性。主要表现在汉族和农业民族的增长一般高于非汉族和游牧民族，因而汉族和农业民族在总人口中的比例越来越高②。从国家的角度来说，农耕地区集权制度推行的以“分家制”和“多子继承制”的方法促进人口增长，以此扩大国家税收。随着专制体制圈的不断扩大，人口增长、迁徙和生态破坏的范围也越来越大。如果从整个社会心理层面来说，也是如此。农耕地区受到儒家文化的影响，历来有“多子多福”的思想传统。陈阿江曾在蒙古族、藏族、傣族等多个民族地区的非城市聚居区进行过经验研究，发现儒家文化与人口繁衍的关系有广泛的表达，在中国国内，就儒家思想的影响程度而言，少数民族地区比汉区的影响弱得多，相应地，少数民族地区人民对于人口增殖的愿望也比较弱。作为儒家核心区的山东其人口的增殖高于其他地区。能够说明此问题的史实是山东人闯关东现象。在某种程度

① 王建革：《人口、制度与乡村生态环境变迁》，《复旦大学学报》（社会科学版），1998年第4期。

② 葛剑雄：《中国历代人口数量的衍变及增减的原因》，《党的文献》，2008年第2期。

上，山东人受儒家思想的影响比其他地区更大，更重视人口再生产[①]。相比与农耕地区，游牧地区的生态容量要更小，人控制自然的能力还比较弱，人口数量维持在较低水平。

## 二 传统游牧机制

传统游牧民对草原生态的影响主要表现为两个方面，一是人口数量的影响。上文已经论述过游牧人口数量较少，有基于生态考虑的原因。二是人口利用资源的方式。游牧民族千百年来形成的游牧机制具有很强的生态适应性，游牧本身就是以保护草原生态为主的可持续利用资源的方式。

传统游牧生产方式可以用“逐水草而居”来形容。游牧各部落独自经营畜牧业，并占有一定的游牧区域，在转移草场时，由部落头人带领，顺着一定的路线，共同迁徙。通过人口迁移可以实现可持续利用资源这一功能，游牧民依据气候、季节、地形、水源、水草等因素，有选择性地从一个牧场迁徙到另一个牧场，“美草甘水则止，草尽水竭则移……”，在不同的牧场中迁徙，不仅是为了寻找新的资源，也是为了给牧场休养生息的机会。这样的迁徙其实是将传统的游牧业纳入“人—牲畜—草原”良性的生态循环系统，牲畜在持续利用牧区相对脆弱的、不稳定的自然资源的同时，又将其粪便肥沃土壤，人在其中成为协调各方面的资源的关键力量，使得牲畜“取之于草原，并还之于草原”。

笔者将陈巴尔虎旗境内传统牧民的游牧机制分为三个方面：“大游牧”的迁徙模式，四季轮牧规则，以及分群放牧技术。这些传统游牧机制，在一定程度上也可以代表内蒙古草原东北地区游牧生产特征。

---

① 陈阿江：《次生焦虑：太湖流域水污染的社会解读》，中国社会科学出版社2012年版，第8—9页。

### （一）“大游牧”的迁徙模式

传统的游牧生产生活方式是一种“大游牧”，牧民们游牧的范围和时间跨度很大。清朝之前的“大游牧”范围很不确定，一般来说每个游牧部族、部落联盟等都有自己的势力范围，游牧民在属于自己部落势力范围内放牧。放牧边界并不是固定的，经常随着战争而变化。游牧民族可谓是一边作战一边从事牧业生产，游牧范围可以跨越整个蒙古草原，甚至东北亚草原。陈巴尔虎旗境内有过非常多的游牧民族“路过”。以巴尔虎部落为例，该部落起源于贝加尔湖，游牧范围在贝加尔湖一带及呼伦贝尔地区，为了持续地利用草场，他们的游牧范围已经跨越了如今俄罗斯、蒙古、中国三个政治边界。在北元时期，因为战乱原因，巴尔虎部族又随从封建领主参与到更远的大游牧，从呼伦贝尔至呼和浩特一带往返游牧，再从内蒙古西部至青海一带往返游牧，到了青海草原活跃了几十年后，大部分部族又返回到内蒙古。这样的“大游牧”周期最短是一年，时间长的往往是几年，甚至十几年的时间①。

自古以来，陈巴尔虎旗这块地区就有很多游牧部族栖息过。从先秦至清，该地区共经历了东胡、匈奴、鲜卑、突厥、回纥、黠戛斯、室韦、契丹、女真、蒙古等民族②。他们就像陈巴尔虎旗的匆匆“过客”，在茫茫的大草原上驰骋而过，不断地迁徙和游动，无论在生产生活还是军事方面都处于流动状态。到了清朝以后，巴尔虎部落（蒙古族）在呼伦贝尔一带长期定居下来。

要想考察“大游牧”的生产生活方式，以某个固定的地域作为考察点并不理想，只能追溯到某个游牧民族的历史片段。而以经过这个地域的若干个民族为考察对象，可能更容易看清楚“游牧”

---

① 孛·蒙赫达赉：《巴尔虎蒙古史》，内蒙古人民出版社2004年版。

② 陈巴尔虎旗史志编纂委员会：《陈巴尔虎旗旗志》，内蒙古文化出版社1998年版，第124页。

的历史真相。下文将以清朝时期的巴尔虎部落作为参考对象，并从三个方面来阐述“大游牧”的机制和原因。

1. 缓解人口、畜群压力

草原生态环境是一种脆弱的生态，生态容量十分有限，当一个部族人口发展到一定的时候，往往进行团体分裂，分成更小的牧团进行游牧。《蒙古秘史》记载了这样一个段故事：“在一个叫作额儿古涅昆的人迹罕至的地方，只有两户人家，他们在这里繁衍生息，久而久之，人数增多了，额尔古涅昆这个地方再也容不下这么多人了。于是，他们用七十张牛皮做了鼓风箱，用炼铁的方法融化悬崖绝壁后，走到了广袤的大地。”[①] 事实上，很多游牧民族都经历了通过大规模的迁徙来缓解草场与人口压力的过程。

以清朝居住在陈巴尔虎旗的蒙古族巴尔虎部落为例。最初巴尔虎部落是生活在贝加尔湖一带，那一带是水草丰美的巴尔古津河流域，他们过着游牧的生活。又过了几百年，巴尔虎部落人口增长繁衍，产生了几十个分支和小哈拉（姓氏），牲畜也大量繁殖，逐渐占据了整个贝加尔湖东岸。牲畜数量之多无法在同一个营地放牧，草场开始出现不足，于是大部分的巴尔虎部落都离开了贝加尔湖地带，迁徙到外兴安岭的乌帝河流域（黑龙江入海口的西北部）附近的辽阔草原游牧[②]。根据陈巴尔虎旗的老牧民访谈，随着人口的繁衍和牲畜的增多，传统的游牧民唯一可以选择的就是寻找额外的草场，通过长距离、大范围的迁徙缓解了人口和草场之间的压力。同时自然灾害也限制了人口和牲畜数量的增多。

2. 规避自然灾害

对于游牧民来说，“游牧”不仅仅是为了获得最为适宜的生态资源，也是人们规避各种自然的、人为的“风险”（如人口增长、战争、自然灾害等）。由于牧区自然灾害频繁，游牧生产的首要目

① 佚名：《蒙古秘史》，阿斯钢、特·官布扎布译，新华出版社 2007 年版。

② 孛·蒙赫达赉：《巴尔虎蒙古史》，内蒙古人民出版社 2004 年版。

标不是扩大再生产，而是如何保证生存。游牧民族在具体的情景中作出迁徙的选择，是适应水草资源匮乏且不稳定的环境策略与选择。水草资源越不稳定、越容易出现自然灾害，游牧民的迁徙路线范围就越大，并呈现出变化、灵活等特点。突发的自然灾害往往导致一个游牧组织临时改变游牧方向，抑或是游牧团体分裂，向其他群体寻求帮助。游牧的路线复杂多变，游牧的路线范围相当之大。通过大范围的迁徙，可以增强资源空间管理上的灵活性，以及抵御外来灾害的弹性。

为了规避自然灾害，信息是至关重要的。过去的牧民很讲究迁徙技术，会敏锐地观察草原多变的天气。对于游牧民来说，一旦出现大面积的白灾、黑灾、干旱时，就需要集体迁徙，这种迁徙的往往还需要游牧组织作出很好的判断，并通过高度的规范来协调迁徙的过程。一位老牧民告诉笔者，对于游牧民族来说，获知周围环境信息能力非常重要。在当地，游牧民有好客的传统，在招待客人的时候就通过聊天知道远处的天气、草场、狼群等情况，牧民了解的牧场空间越大，越能降低游牧业的风险。同时，牧户之间也会及时共享信息，在遇到灾年的时候，相互扶持，度过难关。

3. 战争与“大迁徙”

在古代，游牧民族之间的战争会大大地改变其游牧迁徙的路线，一些游牧部族因为战争不得不参与到更为边远的地带进行“大游牧”[①]。游牧民族通过战争获得更大面积的生产资料（草场），也扩展了自己的政治疆域。先秦以前，东北亚草原被三个部落联盟割据，有东胡部落联盟[②]、丁零部落联盟（后来突厥的先世）和匈奴部落联盟。东胡是呼伦贝尔地区最早有文字记载的民族，它是游牧狩猎民族的最初形态，活动范围很广泛。陈巴尔虎旗

① 呼伦贝尔一带是游牧民族之间经常作战之地。陈巴尔虎旗所在的呼伦贝尔一带，是很多游牧民族的历史摇篮，新生的游牧民族力量频繁交锋，相互争夺草原。

② 后来陈巴尔虎旗境内出现的鲜卑、室韦、契丹、蒙古都是源于同一的东胡族系。

所在的一带是属于东胡部落联盟的管辖范围。两汉至魏晋南北朝时期，东胡又被匈奴打败，被迫分化为若干族群，如乌桓、鲜卑两大族群。这些族群又不断地迁徙，不断游牧积攒势力。后来鲜卑的一支又联合东汉王朝，重新打击匈奴。匈奴击败后，进行大规模的西迁。之后，鲜卑重新进入了匈奴的故地。鲜卑的游牧范围依然很广，随着后期战争，他们的迁徙路线又转移到其他草场。

来自中亚叶尼塞河一带的突厥、回纥、黠戛斯三个民族在陈巴尔虎旗一带兵戈相见，相继占领陈巴尔虎旗后又被后一个游牧族所击败。突厥的畜牧业规模较大，强大的畜牧业成为了突厥汗国重要的经济基础。从突厥当时的畜牧业规模来看，他们所需的游牧面积非常大，占据了亚洲三大草原。因为占据其他部族的草原又引发了多起战争，使得突厥在几个世纪的动荡中，也曾有过四次大迁徙。745 年突厥亡于回纥，回纥占据了突厥所辖地带（包括陈巴尔虎旗境内）。突厥各部归附于回纥，剩下的一部分西迁中亚，或南下附唐。几十年后回纥又被源于叶尼塞河的黠戛斯所击败，大部分回纥人向西迁徙，最远至今新疆吐鲁番境内。突厥、回纥、黠戛斯在陈巴尔虎旗一带草原统治的时间很短，只有一两百年。

而后在陈巴尔虎旗统辖过的依次是室韦、契丹、女真和蒙古，到了清代，蒙古族的巴尔虎人长期在呼伦贝尔一带游牧。室韦、契丹和蒙古都是源于东胡族系，但是这些部族之间的战争不止，室韦诸部遭契丹袭击后，开始向西、向南迁徙，开始了与其他民族融合直至消失的过程。同样的道理，后来契丹被金击败后，一部分融入金，一部分继续西迁至伊朗克尔曼地区，被完全伊斯兰化。1234 年，蒙古族摧毁了金朝以后，开创了最为广阔的游牧草场。到了 13 世纪后期，随着蒙古各部落的统一，政局逐步趋于稳定，成吉思汗对蒙古草原进行了再分配。和过去部落与部落之间的划界放牧相比，元朝管辖下的游牧民的迁徙范围不受限制，有助于调节利用各种类型的草场。

清朝以后，统治者对广大蒙古地区主要实行蒙旗制度，游牧的界限开始以旗为单位进行严格的划分。清政府在旗下面分设“佐”相当于现在苏木的概念。但是就放牧的范围来看，牧民们可以跨越佐放牧，放牧范围仍是以旗来划分四季草场的。总体来说，清朝划定的“旗”的范围比新中国成立后行政区划的“旗”范围要大。如当时呼伦贝尔的“索伦八旗”[①] 驻防地大约与今鄂温克族自治旗和陈巴尔虎旗共同的辖区范围相当。据当地老牧民访谈：“1949 年，游牧范围基本不会超越旗的范围。当旗内要是出现自然灾害缺草时，须向清中央政府提出申请，转移到其他旗放牧。”（2011 年 8 月 7 日访谈资料）

### （二）四季轮牧的演变

“四季轮牧”这种生计方式是一个逐渐发展的过程。早期居住在陈巴尔虎旗的远古人主要依靠狩猎采集为生，后来他们从森林走向了草原，开始过着一种“半狩猎半畜牧”[②] 的生活。随着畜牧业经营地不断扩大，“半狩猎半畜牧”开始走向完全经营畜牧业。在畜牧业的初级阶段，生产技术有限，人们只能驱赶着牲畜，被动地适应自然。经过了几千年的积累，这套游牧技术逐渐成为适应当地草原生态的生计模式。牧民在这里确定了四季牧场，通过季节性的移动让牲畜在获得适宜的环境资源的同时，规避不利的环境因素。

以近代在陈巴尔虎旗生活过的巴尔虎游牧民族为例。清代以来在相对稳定的一段时期内，牧民们将草原分为春夏秋冬四季牧场，不同的季节在不同的牧场上放牧。一年四季冷暖不一，用当地的一句谚语来形容：“春风大，夏雨勤，秋霜早，冬雪长”，对应的牲畜也有着“夏饱，秋肥，冬瘦，春死”的规律。针对这些特点，

① 系“索伦左右两翼八旗”的简称。

② 上文介绍过陈巴尔虎旗的“森林—草原”自然概貌（整个呼伦贝尔都有这个特征），在这样地理环境下孕育出来的是典型的游牧狩猎民族。陈巴尔虎旗生活过的东胡、鲜卑族和蒙古族，都是呼伦贝尔文化孕育的游牧狩猎民族，成长的共同特点就是最初均在森林里以狩猎为生，后来从森林走向草原，逐步由狩猎民族演化为游牧民族。

牧民按地形、气候、草场植被水源、气候等自然条件，划分四季草场。世世代代都不定居，搬迁至不同的季节草场，发挥各个草场的优势，减轻季节性的灾害。牧民居住于便于拆迁的蒙古包，冬季的蒙古包用毡子围成，夏季的蒙古包用苇子和柳条制成。过去蒙古族游牧短则3—5天，长则8—10天搬一次家，在不同的季节草场内迁徙。以下结合多位老牧民的描述，勾绘出1949年前陈巴尔虎旗四季轮牧景象。

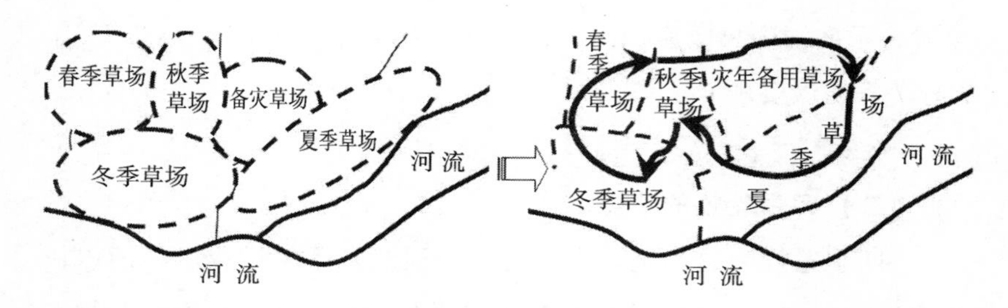


**图2—1 新中国成立前某牧民的旗内四季草场划分与四季游牧路线图**

春季营地　每年的4月至5月中旬牧民在春季草场游牧、接羔。春季的草场是牧民预留下的好草场，因为春季是四季游牧中最困难的时期。牧草枯黄，要到5月才开始返青，草资源不足，还要时刻准备预防春雪的威胁。当地牧民在春季习惯寻找砂地草场，牧草返青较早。春季雪融，也适宜找一些低洼处，开阔、向阳、风小的地方。有的牧民会选择好的时节，在冬季积雪厚的草场补饲，因为积雪厚的草场草质保存良好。从冬季过渡到春季的时候，要额外照顾好牲畜，刚刚熬过冬的牲畜非常弱小，经不起忽冷忽热的天气以及饲草不足的威胁。对于春季草场的选择，牧民们都是比较慎重的，这关系到一年牧业的再生产过程。牧户中的女主人负责照顾产畜，往往要在春营地里停留一个多月不能搬家，男主人们就围绕定居点放牧，等牲畜繁殖期度过以后，就开始准备搬往夏季草场。

夏季营地　每年的6月初牧民开始搬往夏营地，在夏营地停留7、8两月。夏季放牧集中在河流、湖泡、井泉等饮水点附近，利用河流沿岸，湖泡周围的草场，为牲畜提供新鲜的水源。陈巴尔虎旗的牧民有着两个著名的夏营地：莫日格勒河夏营地和特尼河夏营地，按照当地的约定俗成，海拉尔河以北的牧民去莫日格勒河夏营地，海拉尔河以南的牧民去特尼河沿岸夏营地。夏营地夏季气候凉爽通风，蚊蠓很少，水源丰富，是牲畜的避暑之地。陈巴尔虎旗夏营地内的牧草生长期较短，只有两个半月，草长得不高，嫩嫩的牧草是畜群夏季增膘、恢复体质的理想草。但是这一地带，是不能作为冬季草场或是一年四季常用草场，一是草矮，大雪覆盖后不易采食；二是冬天特别寒冷容易让牲畜受冻致死。

秋季营地　9 月至 10 月牧民在秋季草场频繁地搬迁。陈巴尔虎旗的秋季草场集中在冷蒿、葱类草场和盐生草甸，属于无水草场（牲畜抓油膘时节，不需要太多的水）。这个季节正是野葱、野韭菜的结籽期，植物茂盛水分大，营养价值高。秋季草场以草籽多为特征，牧民会快速地走“轻便敖特尔”[①]。搬家搬得勤快是为了帮牲畜长膘，做好锻炼，“备战冬季”，维护草场的持续生长。一方面，牲畜采食饱满、粗蛋白、高含量的牧草籽，有助于长油膘好过冬；另一方面，放牧的过程有助于草籽传播。秋季放养牲畜的过程非常快，不会过量采食。如果性高一直停留在秋季草场上啃食草籽，第二年草场不能打出草籽，非常不利牧草繁殖。

冬季营地　牧民每年 11 月进入冬营地。冬春两季草场都位于陈巴尔虎旗的西半部，冬季草场又位于春季草场的南端。冬季草场总是被牧民保护得好好的，不论天再旱，草再缺，在春、夏、秋三季都不动这片草场。让冬季草场“休养生息”，使草场的草长得高，不怕大雪盖住。如果其他时节也在冬季草场啃食，牧草过矮，冬季大雪一覆盖，牲畜则无法啃食。在陈巴尔虎旗，多数牧民将冬季草场选择在海拉尔河的附近，河流沿岸有柳树等灌木（当地牧

---

① 3—5 天就搬一次家，为了方便，牧民们都不住蒙古包，而是用简单行李搭一个个小帐篷，当地叫这种做法为“轻便敖特尔”。

民称之为柳条)，可以供冬季建圈搭棚。加上河流附近也有较多的碱泡子，方便牧民取碱喂牲畜。这一带草场避风、低洼、向阳，也是牧草密集，植株高、不易被大雪覆盖的地方。一些有经验的牧民会选择高地、阴坡和远处草场，当风雪来临时就再搬迁到低地、阳坡和近处草场。四季轮牧需把优质的草场留给冬季天气差一些的时候，降低环境风险。

在冬营地里，蒙古包也会搬迁，只是搬迁的次数减少了，大约一个月左右搬一次家，直到第二年4月中旬再迁往春营地。在冬营地里，大多数传统牧民都不打草，只是偶尔打一些草给幼弱畜和母畜补饲。冬季出牧要随时看天气变化，时刻注意“白灾”、“黑灾”等各种自然灾害对牧业的侵袭。

### (三) 分群放牧技术

传统的游牧民很早就懂得合理安排牲畜种类，通过分群游牧①达到最好的生态效果。匈奴时期的蒙古草原牧民已建立了以“五畜”② 为主的游牧③。古代陈巴尔虎旗境内亦是如此，五畜的合理结构有助于保护牧民赖以生存的草场。草原面积广阔，植物种类繁多，马、牛、羊、骆驼所食的草不完全相同，各取所需，充分利用草场。五畜的生活习性各不相同，如“马不吃夜草不肥，羊不吃早草不壮。牛冬季白天吃草，夏季白天贪睡，夜间吃草不停”，掌握了各种牲畜的习性，有助于牧民合理安排时间管理牲畜。各种牲畜对草原的影响也是不同，相互搭配有利于草场的维持。如“羊食之地，次年春草必疏；牛食之地，次年春草必密”，意思是羊食用草喜欢嚼草根，牧草的下次根茎就要短一节，而牛食牧草不嚼草根，牧草的下次根茎长一节，通过牛羊相间放牧可以使得草场长得

---

① 把不同的牲畜分开放牧，比如马群由专门的马倌放牧，羊群由羊倌放牧等。

② 马、牛、骆驼、绵羊和山羊统称为“五畜”。

③ 王明珂：《游牧者的抉择：面对汉帝国的北亚游牧部族》，广西师范大学出版社2008年版，第119页。

更为均匀。

陈巴尔虎旗的牧民总结出了分群游牧技术，方便对马群、羊群、牛群的管理，同时各种畜群都是沿用游牧的方式，起到持续利用草场的作用。传统游牧民族对马的放牧技术是很讲究的。马的适应性及抗御自然灾害的能力都比较强，马群的食量大，费草场，为了不与牛羊争食，马群易远牧。加上马蹄对草原的踩压比较厉害，最毁草场。牧民认为，马群好活动，一年四季都是“玩命地”跑，要是在一块地停上十天半个月，这块草地就会成沙地。马倌们常常住在简易小毡包里，勤着迁场，远离营盘蒙古包，过着更为简朴辛苦的生活。

和远牧的马群不同，羊群的一年四季的放养是因时因地制宜。春季羊群在距居民点较近和向阳、有水源、牧草返青早的地段接羔保育。6 月给羊群剪完羊毛后，牧民要不停地更换草场，不能长期定居在一个地方。夜晚羊群如果总卧在潮湿的粪便上，容易破皮生蛆。夏季放牧羊群要根据不同的时节选择草场，每天放牧也需要根据当天的天气情况来判断，从风向、温度、雨天、晴天等不确定因素中寻找最为合适的放牧方式。秋季羊群进入了抓膘时期，在当地放牧羊群半个月左右要让羊群舔一次碱，秋营地附近有碱泡子或是大量的碱草。11 月进入冬营地后，羊群的游牧次数相对减少，但是为了获取饲草，牧民依然会破雪游牧，避免羊蹄踩坏定居点附近的草场。

牛的放牧管理相对而言比较方便。春季母牛产犊后在居住地圈养，其他牛群则在靠近河套、湖泊附近啃食牧草。夏季，在夏营地一带自由散放牛群，可不用管理，牛群会在有犊母牛带领下，一个跟一个回到营地过夜。这个现象挺有意思，牛每天回家，不会散着群往家走，总喜欢跟着某一条路线走。牛个大体重，蹄子又硬，很容易把好好的草场踩出一条条沙道，牧民要是不经常搬家，蒙古包旁边的一两地里就容易形成一道道沙带，草也会变得稀疏。所以，牛群虽然有围绕定居点放牧的习俗，但是牧民也需要经常搬家，野外游牧作业，为了让草场有时间自我修复。

## 三 游牧社会组织与生态适应

从某种意义上来说，自然环境不仅影响了游牧民族的生计方式，同样也影响了游牧社会组织方式。由于草原的生态环境脆弱易变，游牧民族形成的社会组织也常常以灵活多变、自由移动、富有弹性等为原则。游牧社会组织更多的是对生态环境的反应，由于环境变数较大，人们往往是随着现实的需求来改变组织结构。在越艰苦的游牧情境中“现实”愈易突破各种“结构”。有学者认为游牧社会人群组成常以分枝分散与平等自主为原则，这些原则与“国家”的集中性与阶序性是相违背的①。事实上，古代游牧地区的社会组织虽然阶序化、权力集中化程度比较低，却很符合游牧人群的生产方式特点。他们不需要以一块固定的土地或是建筑作为权力的象征，他们往往是通过“族群的想象”来实现整合。多数时候，大大小小的部落分散在草原上，每个部落中的牧户、牧团从事游牧业生产，遇到战争时期，部落就联合在一起形成部落联盟，共同作战。在作战的过程中也实现了牧业的迁徙，可谓“一边作战一边放牧”，创造了与草原生态、游牧业经济完美结合的社会组织。下文笔者将游牧社会组织分为两个时间段来讨论，清代之前出现的“古列延”和“阿寅勒”，以及清代出现的适应草原生态游牧社会组织。

### （一）“古列延”和“阿寅勒”

大约从公元9世纪或者更早时期，北方蒙古草原的游牧民族就创造了“古列延”和“阿寅勒”这两种游牧社会组织。11—12世

① 王明珂：《游牧者的抉择：面对汉帝国的北亚游牧部族》，广西师范大学出版社2008年版，第105页。

纪期间，蒙古族的组织方式以“古列延”为主[①]，其他时期内以“阿寅勒”为最常见的游牧社会组织。

1. “古列延”

随着游牧业的发展，牲畜数量的快速增长，加之自然灾害的频繁出现，部落间为了争夺草场而不断发生战争，于是创造性地发明了独具特色的组织——“古列延”。起初“古列延”的意思为“圈子”，后来它逐步地壮大自己的规模，发展成为政治组织、军事组织、经济组织和宗教组织等的结合体，类似于移动的“城市”。可以说这是游牧民族的一种非常有代表性的经济政治文化现象。

“古列延”具有政治中心的功能。11—12 世纪期间，蒙古族形成的“古列延”是一个逐步发展的过程。它是游牧人群从分散走向集中的迁徙组织，以氏族走向部落，再组成部落联盟，部落联盟统一后形成“古列延”这种组织方式。当北方游牧民族的组织形态越接近“国家”时，“古列延”的规模的越大。如元朝建立之时，“古列延”已经具备一种国家组织形态。“古列延”有领导机构即族众会议，它主要是选举部族首领和商讨重大事议的地方。领导组织制定“扎撒”（法律），“扎撒”是蒙古族传统的习惯法，游牧民的生活、生产过程严格受到“扎撒”的约束。“古列延”作为政治中心也会随时进行大规模、长距离的迁徙，有些“古列延”春夏秋冬也处于随时转移的状态，如辽朝的政治中心，有驻夏之都和驻冬之都。

“古列延”具备军事功能。在古代，游牧民族之间为争夺草场发生的战争非常之多，平时的牧民都是武装放牧。部落首领把牧民的生产和军事训练结合起来。每户都有交通工具马、牛、骆驼及车辆。其中马是游牧、狩猎和作战的必备乘骑。牛、骆驼也是重要的运输工具。对于蒙古族人来说，平日作战迁徙以勒勒车为主，贫富

① 高丙中、纳日碧力戈等：《现代化与民族生活方式的变迁》，天津人民出版社 1997 年版，第 300 页。

牧户皆备之，富者有一二百辆。从《蒙古秘史》中可以看出，“古列延”是由几十乃至数百个毡帐组成的环形牧营地，环形周边还可以用勒勒车或树木、山石等围成一道屏障，如果受到进攻，游牧民会以勒勒车等为依托，和敌人作战。首领居住在营地的中央作为权力中心。老人、妇女、孩子居住在营地中心周围，骁勇善战的男人们在圈外防守，抵御一切外来袭击。这种组织布局是为了随时作战，成了鲜明的部落特征。

“古列延”也是一个完备的牧业生产组织，部落首领统筹安排牧业生产、分配等过程。“古列延”是以牲畜私有，草场暂时共有，氏族成员屯营在一起而游牧的集体经营方式[①]。“古列延”中所有的牧户都要听部落首领的领导，畜牧业生产有统一的安排，但是具体的生产过程是依靠牧民各自的生存技艺。游牧民的每一次大规模迁徙是由组织作出决定的，这种迁徙方式受到“水”和“草”的限制，每一块驻牧场所能承载的牲畜种类和数量是有限的，因此，也不可能形成太大规模的牲畜群[②]。每个牧户生产劳动的成果、物品包括战利品都需要由首领统一分配，物品分配实行“长老有序”。随着后期政治的稳定，“古列延”的大规模游牧方式逐渐被“阿寅勒”所替代。

“古列延”这种组织形式的基本特征就是迁徙移动。以陈巴尔虎旗境内出现过的“金界壕”（如图2—2）[③] 为例。这处遗迹是辽代的边防城，也就是说这很可能是辽代游牧民族行军打仗暂居的一个地方。从画面上来看，“金界壕”的建筑结构有“定居”的房屋和游牧时使用的蒙古包。松迪将蒙古草原游牧民族的“豁脱”（和“古列延”的意思是一样的）分为三种形式，移动的“豁脱”、半

① 内蒙古自治区蒙古族经济史研究组：《蒙古族经济发展史研究》（第一集），内蒙古自治区蒙古族经济史研究组出版社1987年版，第73页。

② 内蒙古自治区蒙古族经济史研究组：《蒙古族经济发展史研究》（第一集），内蒙古自治区蒙古族经济史研究组出版社1987年版，第73页。

③ “金界壕”模型储藏在陈巴尔虎旗博物馆内。

移动的“豁脱”和定居型的“豁脱”[①]，虽说用了“半移动式”和“定居型”等词语，但是这里的“半移动”和“定居”都是一定程度上的“暂居”，“豁脱”始终还是不断大规模地迁徙和移动的。“金界壕”可以看成是半移动“豁脱”的一个遗址，游牧民族利用这些简陋的城池遗址过冬或储藏货物，但是并没有把城池变成长期居住的地方。定居型“豁脱”称为“城郭式”的豁脱更为恰当，这些城郭的规模不大，不像农耕民族那样需要大量修建街道、房屋等，而是便于游牧民随时迁徙游牧。游民组织虽然发展了“城郭”之制，但终年逐水草而居。

**图2—2 陈巴尔虎旗博物馆展出的“金界壕”模型**[②]

“古列延”还有一个重要的特征就是注意利用和保护草原生态。陈巴尔虎旗的北面黑山头附近有一座“古列延”遗址，是一座“城郭式”的。从遗址来看，“城郭”建在山脚下，水源附近，山体前面是辽阔的草原，草原中间流淌着清澈的水源。这样的布局模式，一方面利用了天然的山体屏障为有利作战地势；另一方面山

① 孛·蒙赫达赖：《呼伦贝尔史论——中国北方游牧民族与呼伦贝尔》，内蒙古文化出版社2009年版，第85页。

② 2011年8月9日拍摄于陈巴尔虎旗博物馆。

体又成为了“标志性符号”，有利于汇聚周边散居的牧团融入部落。这些都说明了“古列延”作为政治、军事中心的特点。“古列延”的“暂居址”必须有辽阔的草原和干净的水源，有助于畜牧业的发展，但同时古列延的选址又不会靠水源太近，一般距河道有上千米的“生态缓冲带”，避免人口、牲畜聚集对河流造成污染，非常注意对草原生态的保护。

2. “阿寅勒”

在北方游牧社会里，几个牧户组成一个“阿寅勒”（牧团）是非常普遍的现象。“阿寅勒”归随于某个部落或“古列延”，但是不是所有的“阿寅勒”都必须跟随“古列延”行军打仗，它可以有自己的放牧领域和范围，只是在必要时为战争作为准备。“阿寅勒”主要是一种生产组织，由几个或者几十个牧户组成的游牧团体。一般是牧户家庭的帐幕扎营在相互的视觉范围内。他们可以是同一个姓氏、亲属的结合（多数情况下），也可以是普通散户的结合，少则三五户，多则几十户，在部落的统一安排下集体放牧。

“古列延”与“阿寅勒”之间的关系是非常灵活的。“古列延”存在的时间较短，因为这种集体放牧规模过大，容易受到水草的限制，这时候“阿寅勒”成为主要的游牧生产组织。当游牧民族有军事需要的时候，分散的“阿寅勒”又会重新加入到“古列延”中去，扩大成为某一个部落或部落联盟，甚至成为“国家”。传统草原牧区的政治形态、军事形态和底层的游牧业生产紧密联系的，组织形式有很大的弹性，这些都反映出了生态适应的特点。

在实际的游牧情景中，“阿寅勒”是一种会随着环境变化的牧团。有的“阿寅勒”成员夏季聚集在一起集体放牧，冬季则分散开来游牧。有时候，突发的自然灾害，会使得“阿寅勒”分化或分离，一些牧团会及时选择分开游牧降低生存风险。当面对游牧抉择时，“阿寅勒”中的牧团成员如果不能达成协议，也有可能分开，重新组织新的牧团。还有一些“阿寅勒”为了逃避战争，游牧到了其他地区，加入新的部落。总而言之，游牧生产生活中有很多自然或人为的变量，依据这些“情景”，“阿寅勒”会调适到最合适的规模，或大或小，时分裂时结合，以实现最有效地利用资源，规避各种风险。

陈巴尔虎旗境内也出现过类似牧团。如远古时代的鄂温克族牧团，在从事畜牧业生产中，有血缘关系的牧户组成“尼莫尔”游牧小集团（“尼莫尔”和“阿寅勒”其实是同一类生产组织），多则 10 余户，少则 3—5 户，结合时间有长有短。每户牧民都有马、牛、骆驼及车辆，贫富者皆备之。夏季牧团游牧时，各户的车辆集中起来，轮流搬迁，前往夏营地游牧，兼狩猎、鞣皮、木材加工等副业生产①；冬季游牧时，牧团又会分解成更小的规模，牧户彼此分散开来，避免重复利用草场。一年四季中，牧户的结合也很灵活，当需要狩猎、木材加工等副业时，牧团中的一些牧户又会结集在一起，成为一个小群体迁徙到森林处。

### （二）清代的游牧组织

清朝以来的牧区社会组织发生了一些的变化，小规模的“阿寅勒”组织形式逐渐普遍，“古列延”这种政治、经济、军事结合的社会组织不复存在了，此外，清朝还独创了一些组织形式，如“移动的衙门”和“宗教组织”等。下文将列取两个清朝以来设置的组织机构。说明它们一定程度上对草原生态的适应性，至于清朝时期的“阿寅勒”和过去变化不大，将不再赘述。

#### 1. 移动的“衙门”

清朝是由满族人建立的，满族所在区域，既靠近内蒙古东部的森林草原地带，又与南部的农耕地区为邻，对草原游牧文化和农耕文化都较为了解。在清之前，中原历代封建王朝行政区域设置范围都没有伸及到内蒙古北部地区，基本上是在阴山和辽河中游以南，

---

① 陈巴尔虎旗编纂委员会：《陈巴尔虎旗旗志》，内蒙古文化出版社 1998 年版。

青藏高原、横断山脉以东的地区。清朝之后，政府权力机构设置统一到北方游牧地区，实行盟旗制度、八旗制度。

清朝统治者对广大蒙古地区主要实行盟旗制度，由各部族八旗兵丁驻防游牧。最早游牧于贝尔湖一带的巴尔虎人，因为中俄战争而躲避至黑龙江一带，后来归顺清朝。1732 年，清政府把部分巴尔虎人编入“索伦八旗”（今陈巴尔虎旗所在地）[①]，并同鄂温克族、达斡尔族等一起进驻呼伦贝尔，加强中俄边境呼伦贝尔的防务[②]。1919 年，从索伦八旗中抽出原来的陈巴尔虎人组建了一个旗——“陈巴尔虎旗”。旗下设 12 个佐（苏木）。政权体制为总管衙门，最高官员称总管，下属官员有若干名笔帖士[③]。

清朝初期的政策是“蒙汉分而治之”，与农耕社会的条条块块结构不同，游牧社会的旗界是固定的，而旗下设的佐领集团是流动的，佐领对基层的阿寅勒游牧方式有着积极的顺应之意。具体来说，佐的设置是依照牧区游牧特点，没有固定办公地方，佐领也是住在蒙古包内，佐领带有若干个侍卫。佐领集团平时也从事游牧的生产方式，佐领只起到了象征性的管理，执行一些征税职能。这种基层社会的管理方式是依托“游动式衙门”，沿袭了游牧社会迁徙的传统，符合游牧民族生产生活方式，体现了清代以来中央政府对游牧社会的理解。清代设置的行政机构，更具有象征性统辖意义，政治组织（机构）和牧民的联系较少，只是定时征收赋税和提供兵役的单位。从中央政府的治理成本来看，政府为牧民所能提供的服务很少，基层游牧社会自治的可能性极大。

一位老牧民这样描述清朝的旗行政机构：“清朝时期，我们旗

---

① 索伦八旗系“索伦左右两翼八旗”的简称，亦称“呼伦贝尔八旗”。索伦八旗的驻防地，大约与今鄂温克族自治旗和陈巴尔虎旗现辖区相同。

② 17 世纪初，清政府统一东北，将原在贝加尔湖东岸至呼伦比尔一带游牧的蒙古族部落迁入内地，使得呼伦贝尔草原一度无人无畜。后来 1727 年，清政府为了控制边境，又将一部分游牧人群回迁至呼伦贝尔。

③ 孛·蒙赫达赉：《巴尔虎蒙古史》，内蒙古人民出版社 2004 年版，第 150 页。

的草原没有一座砖瓦房，都是蒙古包。清朝的统治还是比较尊重游牧生产方式的，衙门也就是三四个蒙古包。中博尔（蒙语‘旗长’的意思）住在蒙古包里，警卫员就住在旁边的蒙古包里。1949 年政权力量对于牧区的影响较小。”（2011 年 8 月 10 日访谈资料 ）

2. 具有生态功能的宗教组织

清朝政府建立蒙旗制度和推行藏传佛教（喇嘛教）是同一步骤进行的。清朝利用藏传佛教作为怀柔蒙古的工具，特别予以倡导和保护[①]。游牧民族真正趋向于和平的原因，不仅仅是因为由旗管辖草场这种行政设置，更主要的原因是清政府在牧区各旗内强化推行藏传佛教。内蒙古地区在清之前主要是以萨满教为主，萨满教对基层牧区的影响力很大。萨满教没有统一的组织和固定的宗教场所。清代以来出于扶植藏传佛教的目的，清政府在内蒙古地区光建佛教寺庙。在内蒙古北方草原上，清朝寺庙的兴建使得大草原第一次有了永久性建筑，形成了固定的宗教组织。

陈巴尔虎旗境内的藏传佛教传入较晚，形成了以萨满教为基础，藏传佛教为核心信仰的多元宗教。据陈巴尔虎旗县志记载，本旗蒙古族人信仰萨满教。16 世纪初，藏传佛教和萨满教发生冲突，致使萨满教掩饰起来，影响日渐缩小，陈巴尔虎旗的萨满教却坚持下来，以各种形式抵御藏传佛教。19 世纪末开始信仰藏传佛教。萨满教和藏传佛教在一定程度上实现了融合，对牧民的生产生活共同起到了规制作用。

清朝建立的藏传佛教组织和蒙古本土的萨满教，有着一个共通的作用，都具有一定的生态功能。这两种宗教共同孕育了蒙古族维持自然平衡的观念。在萨满教的自然观中，崇尚的是自然万物有灵论，是自然而然的生态保护论者。这种传统坚决反对在草原、森林、湖泊、河流上滥垦、滥伐和污染，而佛教所呈现出来的因果法则、慈悲心怀、整体性探讨、调和的原则等，进一步协调了人地关

① 宝贵贞：《近现代蒙古族宗教信仰的演变》，中央民族大学出版社 2008 年版。

系的平衡①。正是在传统宗教信仰中的生态观念维护下，蒙古族的游牧地带可以保留下一片净土。

## 四 政策变迁下的草原生态

在牧区体制、政策的变迁中，清末成为一个重要的时间分水岭。清末之前，中国社会的游牧民族和农耕民族进行了长期的斗争和融合，生态文化各成体系。秦汉以来几百年的农业大发展，华夏的农业已取得优势，整个汉族已经成为标准的农耕民族。与此对应的是北方草原地带的游牧民族，游牧民族以畜牧业经济为主要方式，具有和农耕民族所不同的生计类型，始终通过迁徙和转场来利用草原资源。农耕和游牧地区都相对完整地保护了各自的生态文化。

直到1902年，清朝被迫放垦，北方蒙古草原地带受到了史无前例的汉族社会的影响，生态面貌发生了很大的改变。清末以后农耕文化对游牧文化的强势渗透，并以压倒性的局势取得胜利。二者经历了这样的互动过程：游牧民族在军事上居高临下，但游牧文化农耕文化这长期并存，各位主副、平分秋色，最后游牧文化被农耕文化日益渗透，逐渐儒化，最重被边缘化位。清朝全面放垦以来，农耕民族大量进入牧区，使得传统的游牧区越来越具有农耕的特征，并带来一些生态方面的灾难：如内蒙古中南部农牧交错地带的生态恶化，西部荒漠地带的扩大等。相比之下，1949年前调查地内蒙古东北“森林—草原”地区受到农耕文化的影响则较小。

### （一）清末之前：两者并存，各位主副

农耕民族和游牧民族在看待土地类型方面存在着很大的差异，

① 麻国庆：《草原生态与蒙古族的民间环境知识》，《内蒙古社会科学》（汉文版），2001年第1期。

不同历史时期的统治者对草原生态系统的理解也不同，由此采取的国家体制和政策也不同。恩和在《草原荒漠化的历史反思：发展的文化维度》中提出，在内蒙古草原成为中原农耕民族和北方游牧民族间相互扩张地带的漫长历史中，凡农耕民族主宰时期均导致草原退化，生态受损；凡游牧民族统治时期都保持了草原丰美，局部地区的生态恶化受到遏制①。游牧民族和农耕民族的长期斗争，包含了各自对生态环境的理解，是两种差异性生态文化的碰撞。

元朝时期颁布的法律（扎撒）中有很多保护草原生态的规定，如对水源的保护、草原的保护、狩猎中的准则等。农耕民族的统治则更注重对耕地的保护和扩张，汉朝、明朝时期的屯垦戍边政策，进一步拓展了农牧交错地带的耕地，导致农牧拉锯地带出现了生态问题。

清朝建立初期，对于游牧地区和农耕地区的政策比较特别。总体而言是农区牧区“分而治之”，在政策上蒙汉长期隔离。事实上，蒙汉长期隔离有助于保护草原生态。清王朝尊“祖宗之法”，严格限制对蒙古地区的开垦，保留了东北、西北和北方蒙古草原的传统游牧生产方式，严禁农民进入草原大面积的毁草开荒，对牧场进行严格。清朝时期的政策有利于保护草原生态，当时整个游牧草原地区版图非常大，一大半以上的国土是游牧区，包括现今的东北、东西伯利亚、内外蒙古、宁夏、甘肃、青海、西藏和新疆，这些地区都是草原地带。直到 1902 年，清朝被迫放垦，蒙地受到了史无前例的汉族社会的影响，草原地区被农耕地区挤压。

清末之前，不同民族统治对草原生态产生了不同的影响。总体而言，生态影响有三个方面：第一，农牧民族相对完整地保存了双方的生态文化，但是在农牧交界地区出现了反复的“开垦”、

---

① 恩和：《草原荒漠化的历史反思：发展的文化维度》，《内蒙古大学学报》（人文社会科学版），2003 年第 2 期。

“围封”循环，“拉锯地带”出现了一些生态问题。第二，农耕民族的历代统治者都实行戍边和屯田的政策。戍边屯田使得内蒙古地区形成了小范围的农业，但是仍无法改变牧区游牧业经济的绝对优势。第三，历代民间小规模的迁徙没有停止过。一些农耕民族进入到北方草原地区，实行耕作。清末之前的民间行为影响较小，外来人群除了开垦土地以外，对资源的利用能力有限，一旦受到自然的限制，农业生产也会被迫停止，清末以后的移民开荒才愈演愈烈。

### （二）清末以来：农耕制胜，生态退化

农耕文化是经过几千年的社会实践而逐渐形成的，是中国社会的一个重要特征。从宋明时期开始形成的农耕儒家文化势力深厚。从某种程度上来说，农耕和儒家文化是紧密关联的，儒学就是建立在小农经济之上的，集农耕意识大成的大家。同时这种儒家意识具有很强的稳定性，成为中国社会的一个极富有文化惯性的内在结构，它和中国社会的政治结构、经济结构相互耦合[①]。农耕文化对基层社会的影响至今依然深远。以农耕民族鼓励生育的文化为例，农耕地区的人口增长率历来高于游牧地区，清朝后期农耕地区的人口总数激增，清政府迫于内地的压力，不得不在蒙地开垦扩土。到了清朝中后期，“蒙汉分治”的政策依然抵挡不住内地农耕地区的人口压力，加上19世纪中叶，在西方列强的入侵，割地和赔款使得清王朝不得不实行放垦政策，鼓励和纵容对游牧区域的开垦。

清末以来的放垦政策使得内蒙古草原受到了很大的破坏。1902年清王朝推行“放垦蒙地”政策，迁移大量内地汉民到关外从事粗放的农业生产。1902—1937年，短短35年时间，内蒙古地区汉

① 金观涛、刘青峰：《兴盛与危机：论中国社会超稳定结构》，中文大学出版社1992年版。

族人口从近100万剧增到318万，草原面积急剧减少[①]。至20世纪30年代，内蒙古东部的大兴安岭东南麓平原、河谷，中西部的河套平原、伊盟的中部和阴山后山等地区大部分已被放垦，总面积达400万公顷左右[②]。内蒙古地区水土资源结构只能支撑疏林草原生态系统，这片多风多暴雨的地带本身并不适合于固定农耕——农耕换季时，土地大面积裸露，失去了抗风蚀能力；暴雨季节，这里除庄稼外地表没有其它植被庇护，大大降低了抗水蚀能力[③]。

根据受到农耕文化影响程度的不同，结合内蒙古区域性地理环境特征，将清末以来的内蒙古大致分为三个生态区域：农耕文化强势渗透地——南部草原地带；农耕文化影响的恶果——西部扩大的荒漠地带；以及最晚受到农耕文化影响的东北部（调查地陈巴尔虎旗属于这一地带）的“森林—草原”过渡地带[④]。

1. 农耕文化最早的渗透地：中南部草原地带

长期以来，内蒙古草原南部亦农亦牧区成为游牧和农耕势力相互渗透、相互影响的“拉锯地带”。清末之前，中原政权在这里进行短暂的、小范围的农业生产，和游牧经济相比，农业始终处于附属地位。清末以来，总的趋势是南部的农业快速北进，大面积的草原被开垦成耕地，草原面积锐减，生态遭到破坏。如清末以来长期的农业开发中，松辽平原的草原被广泛垦殖，目前保持的原生草原已经不多，现存的草原植被都已退化，草甸草原的退化部分约占30%—40%[⑤]。又如内蒙古河套地区属于半干旱的草原地带，只能支撑疏林草原生态系统。20世纪30年代，傅作义为了扩充军事用

① 达林太、郑易生：《牧区与市场：牧民经济学》，社会科学文献出版社2010年版，第30页。

② 恩和：《内蒙古生态安全带的建设与发展》，“教育部重大项目中期成果”，2002年。

③ 罗康隆、黄贻：《发展与代价——中国少数民族发展问题研究》，民族出版社2006年版，第128页。

④ 该地区主要是解放以后受到农耕文化的影响。

⑤ 额尔敦布和等：《内蒙古草原荒漠化问题及其防治对策研究：中日学术研讨会论文集》，内蒙古大学出版社2002年版。

粮，按照汉族的土地资源利用模式开垦，让山西、陕西的农民代耕，导致河套的大片土地退化、沙化[①]。不仅如此，一些沙地也难逃被开垦的厄运，引发了严重的生态问题。科尔沁沙地在这个时期被大量开垦为农地，从而沙地景观和功能消失。20世纪20年代开始，伴随着草原的大量开发，水土流失现象日益严重，草地大面积退化、沙化。内蒙古南部纯牧区向半农半牧区转变，失去草原的牧民陷入了贫困境地。

以黄土高原的农耕文化对内蒙古南部草原的渗透为例。有学者考究黄土高原的山地曾有过森林，而且森林覆盖率估计值应该是30%～53%之间。从南至北，可分为森林草原、典型草原、荒漠草原三个植被带[②]。也就是说，远古时期，今河北、山西、陕西、宁夏、甘肃和松辽平原都是广大的草原过渡到森林的景象。清末以来，人为砍伐森林，粗放开垦导致黄土高原的森林景观迅速消失。黄土高原上的自然条件脆弱，林木一旦遭受破坏以后，自我更生能力非常薄弱，生态难以修复。黄土高原生态的破坏直接影响到内蒙古的南部地区，一方面是森林锐减导致涵养水源的能力破坏；另一方面是随着农牧交界线不断北移，草原开始遭到破坏。内蒙古中南部地区，过去只有一小部分荒漠带，但是随着南部农业的入侵，荒漠面积不断扩大，毛乌素沙漠的扩大就属于这种情况。

*2. 农耕文化影响的恶果：西部荒漠地带的扩大*

内蒙古西部（以阿拉善地区为主）历来存在沙漠区，但是清末以来人为的破坏使得沙漠面积扩大了。内蒙古西部属于干旱、半干旱地区，气候干燥，年降水量均在200毫米以下，是生态非常脆弱的地带。自然形成了巴丹吉林沙漠、腾格里沙漠、乌兰布和三大沙漠。清末放垦后，人类的活动进一步加快了沙化的过程，这和内

① 达林太、郑易生，《牧区与市场：牧民经济学》，社会科学文献出版社2010年版，第30页。

② 赵冈：《中国历史上生态环境之变迁》，中国环境科学出版社1996年版。

蒙古中部草原被开垦破坏的情况相似。如与阿拉善接壤的贺兰山山脉，原始次生林被过度砍伐，森林面积仅剩1/3，水源涵养能力大大下降。随着黑河上游甘肃境内农垦的大肆进行，进入到阿拉善的水流量锐减，以致出现河流断流的情况，并进一步加速沙漠化，不少牧户因此成为生态难民被迫搬迁。

3. 农耕文化较晚影响地：东北森林—草原过渡地带

受到农耕文化影响较晚的主要是内蒙古草原东北地区，今呼伦贝尔市盟所在的“森林—草原过渡地带”。主要分布在大兴安岭北段、小兴安岭和长白山地区，面积约为1800余万公顷，占全国森林面积的1/3。在远古时代，这一地带远离中原农耕地区，一直维持着原始的游牧和狩猎经济生活，也是游牧文化的摇篮。清朝初期严禁对蒙古草原开垦，包括中国东北在内的草原都被保护下来，呼伦贝尔作为更加边远地区，自然更晚受到农耕文化的影响。清末以来，东北三省开始受到农耕文化的影响，农耕文化势力进一步西进，最终影响到呼伦贝尔地区。

早在战国时期。辽河下游这一带已经成为农业区，是东北地区最早开发的农业地带。但是那个时期农业发展十分有限，人口并未过多地迁移至东北北部，北部的原始森林较为完整地保留下来。清末以后，辽河平原周围的森林已经被大量砍伐了，这种趋势由南而北逐渐推进，开始向松花江流域和黑龙江沿岸推移。清朝放垦使得东北大规模的汉族移民涌入北满，形成建屯垦荒高潮。加上帝国主义对东北森林的肆意掠夺，进一步加重了东北地区的森林的危机。在这样的历史背景下，呼伦贝尔盟一部分地区开始被开发成农地，原始森林遭受破坏。

清朝时期呼伦贝尔地区已经形成一些半农半牧区。根据呼伦贝尔农区扎赉特旗巴图巴根的回忆录：元代以来，扎赉特旗一直是蒙古民族的游牧场所，但是清初以后，一批汉族和农耕蒙民不断由外地迁入，清末以后迁入的汉族更多，这里就逐渐变为蒙汉杂居地区。到巴图巴根1923年出生之时，这里已经形成为半农半牧的自然屯落。新中国成立以后这里成为纯粹的农区，以农业耕作为主[①]。

20世纪上半叶，受农业持续北进的影响，内蒙古大多数牧区的游牧业形态都发生了改变，形成半农半牧区但呼伦贝尔草原上牧区的传统游牧业形态却基本上没有改变。调查地陈巴尔虎旗属于呼伦贝尔牧区，1949年前呼伦贝尔部分地区转变成农区，但陈巴尔虎旗一带可看作纯牧区，受到农耕文化的影响很小，游牧生产方式被较好地保存下来。从陈巴尔虎旗的人口数量和民族成分就可以证明这一点：1946年，全旗人口4662人，其中蒙古族3380人，汉族842人，鄂温克族426人，藏族14人，游牧民占了陈巴尔虎旗总人口的82%。陈巴尔虎旗受到农耕文化的影响主要集中在1949年以后，书中的第三章将详细介绍。

① 呼伦贝尔盟档案史志局：《巴图巴根与呼伦贝尔》，内蒙古文化出版社2001年版，第4页。

# 第三章 “对自然的规训”：牧区农耕化形成

1949年后的草原政策和制度逐渐和内地农区相似，全国上下形成了统一的制度变革。随着民主改革的深入、人民公社制度的建立，国营农场的热潮以及草畜承包制度的实施，国家权力逐一下沉，已经延伸至牧区的生产环节，牧区基层的传统运行规则被打破。在基层传统规则被打破的过程中，可以看出农耕文化对牧区的影响逐步加强，至少表现在两方面：一方面，国家对牧区的制度设计体现出越来越强的农耕文化特征；另一方面，农耕民族开始进入牧区并产生了深远的影响。从国家政策到组织设计，都彰显出一种规训和改造的力量，传统游牧文化日渐式微。调查地陈巴尔虎旗正是从这一时期开始全面受到农耕文化的渗透，牧区农耕化格局最终形成。

## 一 农区制度的引入与草原生态变迁

1949年后，国家体制和政策对牧区的影响是巨大的，草原自然生态已被正式纳入到国家的管理体系中。后期牧区的管理制度也越来越接近于农区的改革步伐。1948—1953年牧区的民主改革，这一时期的政策较为缓和，对牧区的生态影响不大。合作化、人民公社时期，牧区虽然在生产方面上保留了传统游牧方式，但是在政策、组织设计方面，已经有了新的改变。20世纪80年代以来，逐步实行的牧畜承包制度，以及1996年实行的“双权一制”[①]，将农区的“包产到户”政策贯彻到牧区，牧区制度和农区制度高度统一。草畜承包制度可以看成是国家农耕化政策的典型，给草原也带来了负面的环境影响。

### （一）民主改革时期的政策

陈巴尔虎旗实行民主改革政策之前，当地的畜牧业经济已经受到了战争的重创。根据老牧民访谈，1932年之后，日伪部队侵占陈巴尔虎旗，对当地进行大肆掠夺，陈巴尔虎旗的畜牧业经济遭到破坏，等到共产党进入牧区时这里已经成为较为贫困的地区。

为了恢复战后经济，中央政权确立以后，陈巴尔虎旗全面贯彻民主改革政策，宣布“草场公有，自由放牧”，废除一切特权，实行“不分、不斗、不划阶级”、“牧工、牧主两利”的“三不两利”政策。改变旧“苏鲁克”制度，牧民从牧主那里接放新苏鲁克羊，羊毛和40%的羊羔归己，提高劳动报酬[②]。牧区采取的是循序渐进的改革方式，适应了当时牧区的现实情况。

政府还对牧区生产生活进行全面规划，采取了很多措施：一是禁止在牧区开荒，保护和调剂牧场，提倡互助；二是提倡牧民定居游牧[③]，搭棚盖圈、打草、打井、鼓励打狼、畜群疫病防御；三是向贫困牧民发放贷款，1950年，政府向旗内68户贫苦牧户发放了贷款。民主改革时期的政策形成了一个重要的缓冲带，一方面，恢复畜牧业经济；另一方面，尊重了牧区传统，使得新生政权较为快

---

① 所谓的“双权一制”是指草场的所有权属于嘎查，使用权属于牧民家庭，实行草原家庭承包经营制度。

② 陈巴尔虎旗史志编纂委员会：《陈巴尔虎旗旗志》，内蒙古文化出版社1998年版，第171页。

③ 虽然政策上号召定居放牧，但是整个60—80年代，牧民还是沿用传统的四季游牧方式，几千年来形成的生产生活存在着很强的惯性。只有一小部分牧户“享受”了政策的支持，开始定居放牧。90年代以后才形成定居放牧格局。

速、顺利地确定下来。整个民主改革时期的政策较为缓和，和人民公社时期实行的体制和政策有所不同。

### （二）人民公社时期的体制与政策

1950年，陈巴尔虎旗牧户之间开始出现了第一个常年牧业互助组。互助组和“阿寅勒”都是基于游牧生产而组成的牧团，但是这两种组织方式存在一定的差异。1949年后的互助组并不是牧区自发形成的组织，而是纳入到国家体系中的基层组织。1954年，陈巴尔虎旗成立全盟第一个牧业生产合作社，合作社实行了“草场共有”，“以牧为主，发展多种经营”，将部分牲畜作价入股归社。1958年人民公社化运动兴起，牧业的公社化进程为了和农区同步，进行了快速公社化。初级合作社步伐还没有稳定下来，就直接进入人民公社，没有经历过高级社。同年秋，陈巴尔虎旗的四个苏木均改成人民公社。各公社实行了“两级所有，队为基础”的体制。

学界对牧区人民公社制度褒贬不一。笔者认为人民公社制度时期，基层社会继承了长期以来的游牧传统，但是国家政策、制度设计以及组织运行已经开始具备农耕社会的一些特征。人民公社时期的基层放牧方式以游牧为主，相比清朝蒙旗制度时期的牧业生产，只是放牧面积有所缩小，放牧的方式变化不大。从组织方面来看，牧区建立的人民公社体制就是国家大一统社会的一个“子模板”，其运行逻辑参照农区，在深层次上，和农区的公社体制是一样的。后期牧区的制度政策更是仿照农区，如“大跃进”、“文革”等政治运动在牧区同质性地出现。

#### 1. 牧区“社—队”体制的农耕化特征

公社制度的第一个特征就是集权体制，它突出了农耕儒家文化的集中管理模式，如同中央集权一样，层层制约。过去的游牧组织是松散的，更多的是通过族群认同来实现地域整合。在“现代国家”看来，草原上“分散的牧户”，“不规整的游牧”似乎是“原始的”、“落后的”或是“自由散漫的”，需要纳入进国家视野进行规划。公社的牧业经营是把最难讲计划的牧业经济（因为牧业经济需要一种灵活的安排和基于情景的应对知识）纳入到计划之中，讲究一种“缺乏自主性的”、“奉命性的”经营，灵活性与传统牧业相比大大降低。牧区按照农区的条块结构设置生产队，进行规整的集体经营，其着眼点不在于牧区生态环境，而是出于政治的考虑，类似权力的扎根，连同基本游牧生产环节都开始受到国家的“全景敞景主义”监督①。

把广袤无垠的草原纳入狭小的计划轨道，必须依靠强大的组织力量。人民公社制度中的党政不分，政企合一，权力如金字塔式地集中。政治权力的高度渗透，确保了牧业经济在计划中实施。这种集权式的行政官僚体系对今后的牧区产生了深远的影响。草原牧区与内地农区的建制相同，却难以养活和内地一样多的官员。在市场化时期，旗县、苏木一级的机构设置越来越多，继续延续这种高成本的上层建筑，对草原的压力也不容小觑。如牧业税收中本应该多用于畜牧业生产发展基金，但是因为机构臃肿，而被大量用于人员经费等。

公社的第二个特征就是固定的组织模式，这在牧区是史无前例的。清朝时期的衙门就是几个简单的蒙古包，蒙古包随着牧民一年四季的移动，本身也从事游牧业生产。这种组织形式正是基于了当地生态文化的考虑。农耕民族对于“定居”的观念是根深蒂固的，作为权力机构象征的地方政权，正是要作为一种固定的组织模式。整个人民公社时期，牧区开会、传达指令、发动群众等一系列政治运动都需要依托这种定居的固定组织模式。公社、生产队的确定，使基层权力的管辖在地域上更进一步明确，权力延伸至牧区最基层。

20 世纪八九十年代以后，定居在行政中心的居民越来越多，逐

---

① 米歇尔·福柯：《规训与惩罚：监狱的诞生》，生活·读书·新知三联书店 1999 年版。

渐形成了和农区相类似的集镇，也是后文中将要谈到的移民社区。这些移民社区是一个个的定居区域，看似很平常的变化，但是如果放在更远的历史背景下看，却是牧区发生的前所未有的新情况。

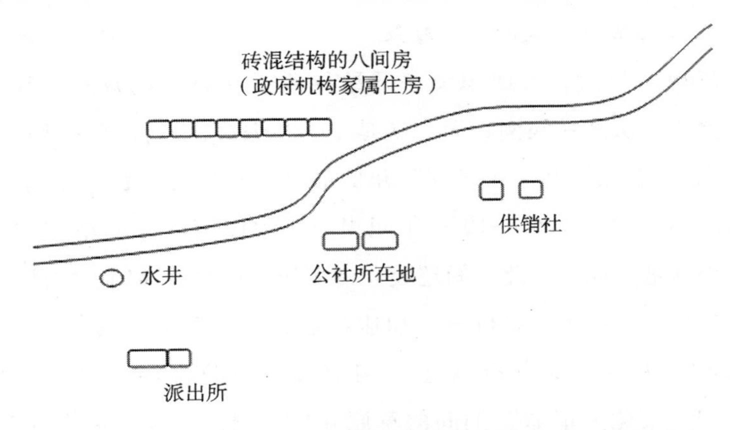


**图 3—1 20 世纪 60 年代陈巴尔虎旗某苏木行政中心示意图**

牧区公社的第三个特征就是追求“五业齐备”，建立一个个自给自足的“农耕化”理想模式。传统的游牧业很难自给自足，对农副产品具有依赖性。而农耕业却是可以自给自足的，不一定要受到游牧业的支持。1958 年人民公社建立后实行工、农、商、学、兵结合的制度，超出了单一经济组的范围。牧区公社开始追求一个完备的牧业、农业、商业、工业、服务业、运输业，样样俱全的、独立的经济实体。从某种程度来说，这种制度的建立是具有小农“自给自足”的情结。

关于“小农”的定义有很多，多会强调农耕的自给自足性。Frank Ellis 对小农是这样定义的：“小农是农场家庭，从土地中以他们自己的生产方式取得生活资料，其农场生产主要依赖自己家庭劳动力。他们总是为一种较高层次的经济体制所支配，也总是部分地与市场相结合，具有一种高度的内在完整性。”① 将农耕与游牧相比，“小农”呈现出小空间内生态循环的特点，可以在较小的空间内实现能量循环，独立

① Frank Ellis, *Peasant economics*, Cambridge university Press, 1988.

而且稳定。从某种程度来说，要在牧区内提倡自给自足，寻求一个逐步稳定、完整的小农模式，则必然要大面积改变草原生态，纳入农田，开荒种地。

2. “大跃进”式的开荒政策

1949 年以后，大面积无序开垦导致了草原的锐减和沙漠化。其中分为三次开垦浪潮，第一次是 1958—1962 年间片面强调“以粮为纲”，在牧区和半农半牧区开垦草原，同时大办农业和副产品基地。第二次是 1966—1976 年间提倡“牧民不吃亏心粮”口号，盲目地开垦草原。在此期间还成立诸多的生产建设兵团、部队、机关、学校、厂矿企业单位等，加速侵占、开垦草原。第三次是 20 世纪 80 年代末开始并持续近 10 年的草原开垦高潮①。以“大跃进”和“文化大革命”期间的草原开垦为例，当时开垦草原面积估计达 2700 万公顷，目前这部分土地有 1/3 已经丧失了生产力，变成了沙漠②。

前两次开荒政策是国情所迫，一是农区人口的增长过快，人口与土地的压力太大，粮食问题紧张。二是“大跃进”时期全国上下一片焦躁情绪，“以粮为纲”政策在执行的过程中，过度政治化，“开垦”被盲目地推进。当时没有科学地看待草原资源利用问题，不按照草原资源的特点进行产业安排，而是统一按照农区的政策执行，很多农牧交错地带成为生态环境重灾区。

内蒙古地区的“以粮为纲”政策，影响范围从东北部的呼伦贝尔草原开始。1949 年后一直坚持的“禁止开荒，保护牧场”的政策被打破了。1959 年，在牧业“大跃进”的指标逐渐加高的同时，中央提出的“以粮为纲，全面发展”的方针，毛主席提出“备战、备荒、为人民”的战略，这些政策迅速波及陈巴尔虎旗。

① 恩和：《草原荒漠化的历史反思：发展的文化维度》，《内蒙古大学学报》（人文社会科学版），2003 年第 2 期。

② 曲格平、李金昌：《中国人口与环境》，中国环境科学出版社 1992 年版，第 88 页。

陈巴尔虎旗中东部大面积的草场被开垦破坏，开垦没有带来多少收获，反而造成了农牧矛盾恶化。在这一期间，陈巴尔虎旗相继建立国营农牧场（下一节里会详细介绍）。不仅如此，旗周边的新左旗、鄂温克旗，也都进行了大规模开荒，整个草场破坏特别严重。直到1963—1964年才相继封闭部分新开耕地，停垦还牧，生态修复的时间漫长。

3. 政治运动狂潮

艰难地从三年困难时期度过，刚有所缓和之后，中央又提出“以阶级斗争为纲”，整个牧区掀起政治运动狂潮。政治运动对牧区生态的影响主要表现在三个方面：第一，从“四清”开始到“文化大革命”时期，牧业生产让位于政治运动，日常游牧也打下了政治的烙印。如放牧路线要考虑到接受政治教育的方便，牧户需定期聚集接受政治学习。第二，“文革”时期，牧区的一些生态文化习俗被当成“四旧”。传统的宗教和生态法则被当作草原旧观念、旧传统、旧风俗、旧习惯。事实上，宗教具有一定的生态功能，在“文革”时期被全盘否定，其生态文化的传承受到了阻碍。第三，对农耕文化的再一次弘扬。其中典型例子就是知识青年上山下乡运动。这一事件后来演变成一场政治运动，轻视农业生产劳动被看成是一种资产阶级思想，这不得不说当时的政策有着强烈的农耕思维。

人民公社时期的制度运行，越到后期越发忽视牧区的特殊性。在“文革”的政治运动时期，陈巴尔虎旗作为偏远的牧区也经历了各种“革命”浪潮。很多干部忐忑不安，天天担心被运动，被“革命”，根本没有心思管理生产，生产全都交给工作队。受过训练的工作队，有很多成员都是来自农区，他们指导的生产革命又进一步把农耕的做法带进去了：如确定固定牧场使用权，提倡盖棚、定居轮牧、植树等。还有一些干部对游牧的生产方式进行全盘否定，“农耕派”和“游牧派”展开了激烈的争论。一些传统牧业习惯、宗教、生态文化等被贴上了“封建”、“落后”的标签。部分地方生态精英受到政策的打压，牧区开始弥漫着一片泛政治化的色彩之中，牧区的自主性越来越小，逐步跟着“大一统”的政策走。

### （三）草畜承包制度

如果说人民公社时期的农耕化特征主要集中国家政策制度、组织权力机构设置方面，基层社会还保留了传统游牧的方式，那么草畜承包制度则是将最后的游牧防线给击破了。对于农耕民族来说，确立一个结构稳定、界限清晰、环境变数相对少、对未来的预见性高的块状土地是尤为重要，小空间内的几亩良田就可以满足一农户生活所需。而游牧生产方式的最大特点是界限模糊、环境变数相对多、对未来的预见性低，需要大空间的草场来避灾和轮牧。草畜承包制度实行以来，草原被分割成为固定的单元。传统的牧民开始转变成和“小农”相似的“小牧”了。同时，草原被固化使用，进一步加剧草原的退化。

1. 游牧范围的逐渐固定和缩小

经历了几次制度性的变革，草原的使用、经营权逐渐固定和缩小。清朝之前，牧民的游牧范围广阔和时间跨度大，呈现出诸多的不确定性。以蒙古族游牧民族为例，游牧民同时作战和从事牧业生产，游牧范围扩展到整个蒙古草原，甚至穿越东北亚草原。游牧的时间周期短则一年，长则几年甚至十几年。清朝以后，牧民在旗内划分春、夏、秋、冬四季牧场，不同的季节在不同的牧场上放牧。游牧的范围限制在各盟旗内，牧民不得越界放牧。从生态学的角度来看，游牧社会在以旗县为基础的地域社会上，可以较好地实现游牧范围与地缘社会的整合。

人民公社时期，牧民的游牧范围以嘎查（生产队）划分的草场为界，游牧范围进一步缩小。以呼伦贝尔牧业地区的游牧为例，在呼伦贝尔地区，牧业旗的草场面积平均为1.6万平方公里，嘎查的平均草场面积为322平方公里[①]。牧民们冬、春两季基本限定在

① 呼伦贝尔盟档案史志局：《新时期农村牧区变革》（呼伦贝尔盟卷），内蒙古人民出版社1999年版。

嘎查的草场范围内，夏季可游牧到30公里以外的全旗共用夏营地（莫日格勒河和特尼河曲水交界的河岸草原），冬、春两季的游牧范围被迫缩小，但是夏季的旗范围内游牧方式有所延续。这意味着人民公社时期，牧民一年四季的放牧范围介于嘎查所占用的草场与旗内所占草场之间。这一时期，草场的使用权并不明晰，放牧范围也较为模糊。牧民走“轻便敖特尔”的时候，路过其他生产队的草场也是被允许的，不像草畜承包制度实行以后，所有草场使用权划分清晰，草场成为“商品”，经过他人的草场需要付费。

到了改革开放以后，实行草畜承包制度，包产到户，“大游牧”的概念基本上走到了最后。以1984年的家庭承包制为边界线。1982年，开始实行以“家庭经营为基础的草畜双承包责任制”。1984年，开展了草原所有权和使用权的“双权”固定工作。草畜承包制度是模仿农区的分田到户，类似于中原农耕社会一直以来的小农传统。1949年以后，草场的使用范围是一次一次缩小，在公社和生产队草场范围还可以实现游牧，一年四季利用不同的草场资源，但是划分草场以后，牧民被固定在狭小的“私有地”内，旗内游牧的生态调节作用难以实现。

**表3—1 陈巴尔虎旗牧民放牧范围历时性演变（2009年）**

| 时间 | 游牧范围 | 放牧面积 |
|---|---|---|
| 清朝之前 | “大游牧” | 跨国、跨省、省内<br>范围很广 |
| 清朝 | 旗内游牧 | 如今的陈巴尔虎旗和鄂温克族自治旗之和，约6045多万亩 |
| 1949年后至草场划分到户之前（1947—1996年） | 逐步限定到生产队草场范围内游牧 | 多数嘎查的草原面积为50万亩左右（约322平方公里）<br>呼和诺尔苏木的嘎查草原面积为26万亩—76万亩不等<br>乌珠尔苏木内的嘎查草原面积为36万亩—90万亩不等 |

续表

| 时间 | 游牧范围 | 放牧面积 |
| --- | --- | --- |
| 草场划分到户以来（1996—至今） | 包产到户 | 多数牧户的放牧范围为3000—8000亩草场范围 |

资料来源：2009—2011年田野调查资料。

（二）包产到户的实行

从1984年开始，牧区开始模仿农区的经验，全面开展草畜承包工作。首先是1984年春季开始全面开展牲畜“作价归户”工作。根据1984年中央1号文件精神，陈巴尔虎旗按照以劳动力人口为基础，照顾户数的原则划分牲畜、生产资料（包括生产队所有的固定资产、拖拉机等大型机具），用比市场价略低的水平卖给牧民。“作价归户”的生产责任制，将“队为基础”的体制改为家庭联产承包制，参与作价归户的户数占全旗牧户的95.9%。牲畜刚划分到户后，由于还受到“文革”余热的影响，一些牧民怕被割“资本主义的尾巴”，又卖掉了大量牲畜。随后几年，牧民确认了政策形势后，生产积极性得到了很大的提高。1984—1996年的这段时间内，陈巴尔虎旗的草场都是处于随意选择并且无偿使用的状态，一些单位和个人占据草场后，就形成地方性的制度，一直享有草场的使用权。加上陈巴尔虎旗土地管理政出多门，执法不严，多数人的心态都是尽量发展牲畜多用草场。整个80年代虽然存在不少草原管理上的混乱，但是“过牧”现象并不严重。由于牧区的科学技术和畜牧业基础设施没有及时跟进，加上80年代的自然灾害较多，旗内牲畜数量反而有所下降，草原环境问题并凸显。

为了规范、固定、明确草场的使用权，1996年，陈巴尔虎旗草场划分到户，实行“双权一制”，1998—1999年开始设置网围栏。各个苏木划分草场的标准在执行上略有差异，但总体是按照人口数和牲畜数量各占50%来划分的（有的苏木是人口数量占60%，牲畜数量占40%）。划分草场的步骤就是先将草场总面积算出来，划归一些到集体草场（基本上是划归到夏季草场附近），剩下的是属于牧民划分的草场。把划分给牧民的草场分成两部分，一部分按照人口比例分草场；另一部分按照牲畜比例分草场，两者相加就是一个牧户所得到的草场。草场划分之后，草场的所有权仍归集体，使用权归牧民，30年不变。通过牲畜、草场划分到户，陈巴尔虎旗的牧民也开始有了自己的家庭牧场，似乎成了和农区相似的“小牧”。“小牧”的问题在于和传统的游牧范围相比不仅仅大大缩小，连基本的游牧生态循环功能都难以完成，按照农区的思维，将牧民的放牧空间限定为较小的空间，忽视了游牧地区需要在大空间内完成生态循环的特点。

在农区，3—5亩地可以养活一户人家，拥有几十亩、几百亩土地，都可以算是规模较大的农场主。但是牧区情况很不一样，在陈巴尔虎旗，10—15亩草地才能才能养活一只羊，100亩草地才能养活一头牛，200多亩草地才能养活一匹马，一个普通的牧户至少需要200—300只羊才能养活一个四口之家，以此类推一个牧户家庭至少需要4000—6000亩草地。2011年，笔者走访了陈巴尔虎旗的一个嘎查，调查了当时草场划分到户的情况，并结合了当地访谈确定草场承包的数额：每个牧户的草场面积约为6845亩，人均2349亩。多数牧民拥有几千亩草场并非是有很多草场，也仅仅是和农民一样，维持基本生活费用（见表3—2）。

**表3—2 陈巴尔虎旗境内某嘎查的64户牧民草场划分到户情况**

**（2011年）**

| 项目 | 极小值 | 极大值 | 均值 | 标准差 |
|---|---|---|---|---|
| 牧户草场面积（亩） | 3193 | 15411 | 6845.94 | 2643.292 |
| 家庭人口总数（人） | 1 | 6 | 3.13 | 1.091 |
| 人均草场面积（亩） | 798.3 | 5573.0 | 2349.178 | 906.9217 |

资料来源：2011年陈巴尔虎旗某嘎查长提供的资料。

## 二　农垦的进驻与成长

历史上陈巴尔虎旗从未有过大面积的农业出现，在“大跃进”开荒浪潮时期，陈巴尔虎旗境内的国营农牧场相继建立，大面积草原被开垦成农田。农垦集团是一个更具有农耕化特征的组织，从1955年成立至今经历多次变革，对当地的生态影响也是复杂多样的。农垦集团内部生产分为农业和牧业两方面，在农业方面，建场初期的“大开荒”，农业产量极低，草原破坏严重。目前农业产量提高不少，但是农业导致土地沙化、退化现象依然存在，农业生产对草原的负面影响难以消除；在牧业方面，从建场初期的分场定点放牧，到1985年之后的牲畜、草场划分到户，农垦职工的放牧范围被固化、缩小，多数年份依靠购买外来地饲草养殖牲畜，牧业生产形成了和农区极为相似的“圈养模式”。

### （一）农垦的相关背景

#### 1. 屯田制度与新中国成立后的“农垦潮”

“农垦”由来已久，最早可追溯至汉代的屯田制。汉朝的屯垦戍边政策，起着建设生产和戍边国防等作用。戍边部队在内蒙古草原、青藏高原以及部分黄土高原等地开垦，曾使得“农牧拉锯地带”生态恶化。中国历代的屯田开荒规模可大可小，屯垦戍边政策主要是农耕统治者所倡导的。

1949年后的农垦范围和影响力最大。伴随着“大跃进”时期“以粮为纲”政策的提出，全国上上下下兴办了23个国营农牧场，当时国营农牧场的口号是“向草原、山坡、海洋等地进军”，开垦了大面积草原、山区、海滩、湖沼等地，把能开垦但尚未开垦的土地进行了彻底的开发，不留下一处“死角”。调查地农垦的一位科员这样说道：“改革开放前，农垦官兵转业，调查地屯垦戍边，

开垦土地，跨省跨地跨区，可以随便开垦。”（2011年8月23日访谈资料）

牧区的农垦有以下两个特征：首先，农垦直属于国家农垦部（现改为农业部），是中央集权下的一个农牧业生产系统，农牧业战线的“国家队”[①]，比农牧生产合作社更易受到国家政策的影响。在这样的情况下，农垦集团是借助国家政策和制度直接对地方社会、环境产生影响，社会诸多事务的执行“一竿子插到底”，贯彻较整齐。其次，农垦系统的前身是军队，部队转业安置而成，具有军队传统。军队组织作为一种文化传统，使得农垦在农牧业生产组织、管理方面较为严谨，政策执行贯彻力度较强。农垦职工中多以转业官兵为主，汉族比例很高，他们对传统牧业并不是很了解。国家虽然给予每个生产队分配了相关技术员，但是“游牧”方式对于他们来说是“很陌生”、“很落后”。其日常牧业生产指导有很强烈的农耕思维。

2. 陈巴尔虎旗境内的国营农牧场

经过多次变更，陈巴尔虎旗境内[②]保留了哈达图、特尼河、浩特陶海三个国营农牧场。根据2008年统计资料数据，三个国营农牧场土地总面积为663万亩，占陈巴尔虎旗土地总面积的21%，人口总数为13201人，占陈巴尔虎旗人口总数的22%。国营农牧场的耕地面积105.6万亩，占陈巴尔虎旗总耕地面积的83.7%，人口以汉族为主，约占95%以上。

---

① 1949年以来，作为社会主义农牧经济有两种所有制，一种是农牧生产合作社，属于集体所有制；另一种是国营农牧场，属于全民所有制形式，它们都是国家权力控制资源的表现形式。

② 为什么说陈巴尔虎旗境内的三个农牧场，而不说陈巴尔虎旗的农牧场？三个农牧场是属于海拉尔农垦，由盟（市）管理，三个农牧场在行政级别上和陈巴尔虎旗（县）是平级的。它是独立政府行政设置的一套体系在陈巴尔虎旗境内，但不在陈巴尔虎旗行政的管辖范围内。在当地三个农牧场所在的总场部附近也有苏木政府，但是苏木政府机构行政设置较小，故有“大企业，小政府”之称。

**表 3—3 陈巴尔虎旗境内三大国营农牧场土地、人口数据（2008 年）**

| 地区 | 土地总面积（万亩） | 草场面积（万亩） | 耕地面积（万亩） | 林地（万亩） | 人口总数（人） |
|---|---|---|---|---|---|
| 哈达图 | 219 | 133 | 29.2 | 0 | 4826 |
| 特尼河 | 282 | 120 | 67 | 30 | 5890 |
| 浩特陶海 | 162 | 27 | 9.4 | 0 | 2485 |
| 农牧场合计 | 663 | 280 | 105.6 | 30 | 13201 |
| 陈巴尔虎旗 | 3178.8 | 2070 | 126.2 | 154.5 | 59736 |

资料来源：2008 年陈巴尔虎旗统计年鉴。

陈巴尔虎旗境内的国营农牧场从建场以来经历了多次变革。整个人民公社时期，农垦组织设置实行“场部—分场（生产队）”相结合的管理模式，分场划分草原后进行集体化作业，多数分场同时具有农业和牧业两项生产。和全国各地一样，办场模式，30 年不变职工由国家统包统配，财务由国家统收统支。集中过多，统得过死，分配上平均主义，管理漏洞多等弊端逐渐呈现出来。1958—1985 年期间，各农牧场都是亏损年份多于盈利年份，“文革”时期亏损更多。1985 年以后，各农场实行联产承包责任制，农田承包到户（或联户），草场也划分到户。政策实行了四年之后，农业生产经营依然处于徘徊不前的状态。1989 年，各农牧场取消家庭农场，收回分散的土地和农机具，由生产队统一经营管理，发挥大田耕作和农业机械化的集体作业优势[①]。在管理制度上实行场长承包责任制，带有现代企业制度性质。在牧业方面，1985 年之后，不再实行分场（生产队）管理模式，转为家庭承包责任制，牲畜、草原划分到户。由此，笔者将 1989 年至今农垦的生产特点形容为“大农小牧”格局。

① 在全国范围来说，像海拉尔农垦这样农田不划分到户，大型机械作业，集体化作业的办场模式比较少，多数农牧场已经划分到户。

### （二）“大起大落”创农业

1. “农业低谷”：向草原讨粮

1958—1984年是三大国营农牧场的“农业低谷”时期，农业生产步履维艰，发展水平始终徘徊不前。经济效益、生态效益、社会效益均十分低下，处于停滞状态，是向草原“讨粮”。同时对草原生态造成严重的负面影响。首先来看1958—1962年陈巴尔虎旗发生的“大跃进开荒事件”。建厂初期，三大农场的机械化水平比周边的农村、牧区均要高[①]，农业开垦主要是机械化作业。根据陈巴尔虎旗1947—2008年的统计年鉴，陈巴尔虎旗1958年耕地面积为8.2万亩；1959年增加到16万亩；1960年为16.3万亩；1961年为15.4万亩；1962年则快速增加到62万亩；1964年以后耕地面积有所减少。令人奇怪的是，1960年播种面积为27万（播种面积是耕地面积的1.7倍）；1961年播种面积为110.7万（播种面积是耕地面积的7倍多）。为什么播种面积远远大于耕地面积是为什么？笔者询问了多位职工和牧民后才知道，1960—1962年国营农牧场在陈巴尔虎旗中东部开垦草原面积其实达到500多万亩[②]，草原被大面积开垦，耕地发展过快，广种薄收，加上国家政策的不切实际地遥控、瞎指挥、技术低下等因素，草原生态破坏非常严重，引起了当地牧民强烈意见。

这次“大跃进开荒事件”在当地引起了不小的轰动，对农业的推崇演化为一场政治事件，引发了严重的环境后果。第二章已介绍了陈巴尔虎旗的自然环境分为东、中、西部三大草原区类，其中东部一部分草原和广大的中西部草原都不适合开垦，降水量低于

① 建厂时期，各农牧场已经具备一定的机械规模。如哈达图农场建厂时有进口农用拖拉机10台，播种机4台，其他农具36台。1959年又调入一批进口农用拖拉机，打草机10台。1960年拖拉机总数达到了101台，加快了开荒进度。

② 这个数据在统计年鉴上并没有记载下来，而是通过多位农垦场长、职工的访谈获得。

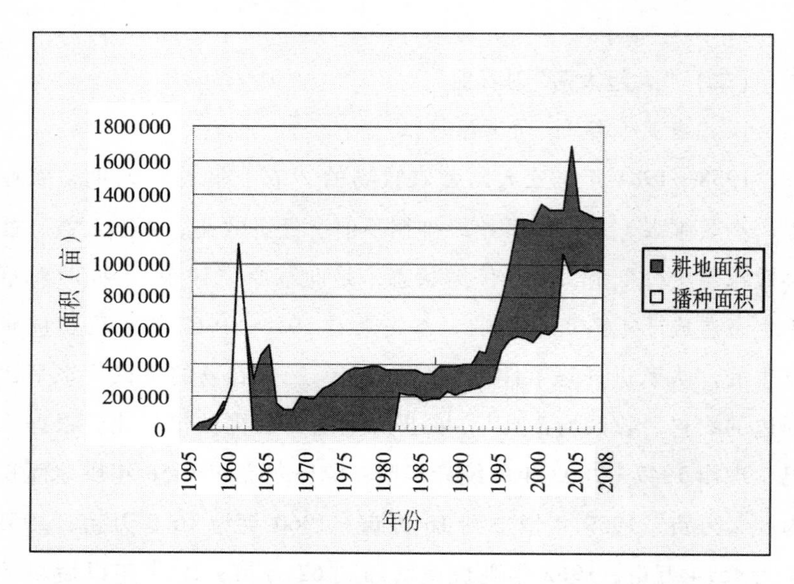


**图 3—2 陈巴尔虎旗境内耕地面积和播种面积情况（1955—2008）**

资料来源：2008 年陈巴尔虎旗统计年鉴，并结合了农垦职工的访谈，最终确定了历年耕地面积。

300 毫米，年降水量分布不均，土壤为沙土质。但是在 1958—1962 年，这部分地区也被开垦。呼盟主席乌兰夫立即向毛主席反映，自治区的草场不能都开垦成耕地，被开垦的草原变得“农不农，牧不牧”，1964 年后中央陆续封闭开垦的土地。经过了二三十年的修复才重新成为草原。

建厂后很长一段时间都是采取掠夺式生产方式，土壤肥力下降快，进一步制约了农作物的产量。整个 60 年代后期，在农垦地区受到“文化大革命”的影响较大，农业生产得不到应有的重视，出现了下滑的徘徊局面。在日常生产中有章不能循，呈放任自流状态，加之遭受各种灾害如特大旱灾、涝灾、风灾等，农业生产连年歉收。农垦误认为牧区土地开发时间短，土壤肥沃不用施肥也能获丰收。由于长期耕作，土壤肥力逐年下降，农作物生长不良，亩产低，小麦单产不超过每亩 50 公斤，一些年份亩产是 10 公斤以下（见图 3—1）生产队被迫弃荒。在 1956—1985 年间，农垦 30 年里有19年经营亏损。粮食产量主要是依靠耕种面积广大，实际的粮食单产非常低下。

90年代之前，农垦主要实施夏翻地或秋翻地[①]的方式，一般头年播种的地块在第二年夏季或秋季进行翻地、耙平，第三年又播种，不然保证不了播种时间，提高不了收成。因而，实际播种面积与耕地面积之间相差一倍之多，耕地面积比播种面积大得多。同时在翻地的时候，并没有耕地保护措施。这样的垦荒导致大面积的耕地裸露表面，沙层的裸露是引起沙尘暴频发的重要原因。

2. “穷田翻身”：向草原要粮

80年代之前，当地农业技术低下，自然灾害情况较为严重，加上“文革”时期政治运动的波及，农业生产效率十分低下。80年代中后期，各农垦的农业生产开始呈稳定发展趋势。由于组织管理制度的变革，农业技术的提高，耕地保护性措施的完善等，粮食单产呈现大幅度上升，以小麦为例，除去2002—2005年小麦低产年份外，90年代以后小麦的单产多数年份维持在200公斤/亩以上（见图3—3）。

农垦通过组织制度的重组来提高经济效益。1985年之后农场实行了家庭联产承包制，但是在牧区办家庭农业，面临着诸多的自然灾害，单个家庭农场难以抵抗，同时机械化、规模化的集体作业的优势难以发挥。于是，1989年各农牧场取消家庭农场实行场长承包责任制。场长承包责任制带有现代企业制度和军垦集体生产传统的双重特点。它具有现代企业规范制度，从工人到场长，每个人都承担责任和风险，生产和收益紧密相关。在日常的生产过程中，各生产队都是标准化作业，每项作业结束后进行评估，实行合理的分工制度。同时，它又保留了集体化的生产方式。因为农场有军队

---

① 小麦播种是两套土地，轮种轮休，播种一两年，休闲一两年。这是适应本地年无霜期短、土地广阔的自然特点而形成的一种耕作方法。但是其对草原生态的负面影响也是显著的，休闲地被翻耕后，裸露地表，要等到一两年后的春季播种，这对于草原来说，已经失去了牧草的覆盖作用。

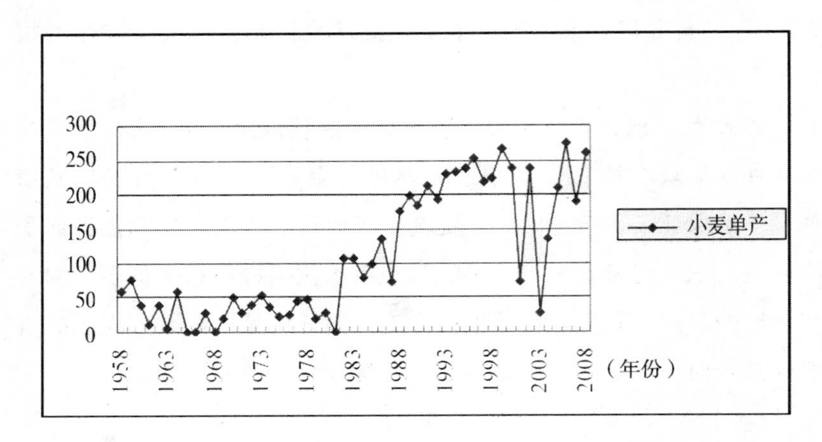


**图 3—3 三大国营农牧场小麦单产历年曲线图（1958—2008）**

资料来源：陈巴尔虎旗统计编写的《陈巴尔虎旗统计年鉴（1948—2008）》，2008 年。

的前身，所以对于规章制度的执行力度较严谨，保留了被历史遗弃的“生产队”方式①。

其次，农垦得以持续下来，并获得发展的重要原因之一就是技术的改进。在牧区进行农业生产，需要面对自然灾害等不利条件，所以农垦必须通过提高科学技术来抵御风险。农垦在生产部设置了实验站，直接服务于生产。为对抗极端旱灾，农垦投资防雹增雨设备及运输车辆，进行人工增雨。90 年代后期，全面实行深松技术，减少破坏耕地表层。2004 年创茬免耕播种技术，抗旱保墒，进行保护性耕作措施；为抵抗风灾，小麦全部推广旱地宝拌种技术和配方施肥；为缓解农场的粪便垃圾，建设生物有机肥料场等。

在组织管理和技术提高下，农作物单产虽然提高很多，但是始终有上线，且这一上线远低于农区的粮食单产。牧区的农业生产条件较差，降水量不足 400 毫米，降水分布不均，土地生产力有限，各种灾害频发。自然灾害等不利的条件制约了当地农业的发展，几

① 笔者在调查时发现，农垦集团的生产队在具体的生产过程中，有一种组织文化，现代企业管理模式和传统军垦文化得到了很好的结合，使得农垦得以延续下去。

乎每隔一年都会发生一次较大规模的旱灾，导致部分作物减产、绝产。此外，农牧场的农作物还要经受霜冻、雹灾、虫灾、风灾、涝灾等影响（见表 3—4），作物的平均单产难以超过 300 公斤/亩，农垦主要是靠扩大耕作面积维持，可谓广种薄收。

**表 3—4 哈达图农垦集团有记载的灾害年份与次数（2010—2011 年）**

| 灾害 | 有记录的受灾严重年份 | 次数 |
|---|---|---|
| 旱灾 | 1963、1965、1966、1968、1969、1971、1972、1986、1987、1988、1995、1996、1997、1999、2000、2001、2002、2003、2004、2005、2006、2007 | 22 |
| 霜冻 | 1961、1969、1970、1977 | 4 |
| 雹灾 | 1959、1984、1988、1999、2004、2005、2008 | 7 |
| 火灾 | 1972、1984 | 2 |
| 风灾 | 1976、1983、1984、1985、1988、1999、2001、2004、2005、2006、2007 | 11 |
| 虫灾 | 1983、1984、1986、1988、2004、2007 | 6 |
| 涝灾 | 1988、1997、1998 | 3 |

资料来源：2010—2011 年调查资料。

3. 农垦农业的生态影响

农垦的影响是复杂多样的，它是国家重要的粮食生产基地，有着较为重要的农业生产地位，但是从生态环境的角度来看，其对草原牧区生态存在负面作用。农垦开垦的区域是过去的陈巴尔虎旗林草交界、水草最为丰美的地带。这一带是生态交错地带，草本群落种类组成丰富，生产力及营养价值均高，是优良的天然牧场。80 年代后期至今，农垦的组织力和机械化、规模化经营优势虽然明显发挥出来，但在这几十年间，呼伦贝尔草原最美最精华的地段全部开垦殆尽。农业占用的草场进一步挤压了牧场，改变了传统游牧的放牧结构，曾经这里很大一片草原都是牧民的夏营地，现在已经无法使用。

草原开垦的地方，大多处于河流水系上游或发源地，关系到旗内中西部草原的水资源。建场初期对此地植被的破坏，已经导致大面积水土流失。如今虽然有各种耕地保护措施在实行，但是休闲地[①]的大量存在，春播后地表裸露，依然容易形成沙尘天气。所以技术对当地环境的改造不可能实现“人定胜天”，自然危害始终存在。草原开垦破坏了草地植被，植被涵养水源的能力减弱，农作物占用了更多的水资源，导致下游地区干旱；农垦种植中普遍使用农药化肥，造成一定的面源污染。此外，草原被开垦成一块一块的耕地，草原的生态整体性被大大破坏，不利于生态系统的维护。

目前，农垦地区已有部分耕地出现沙化情况。根据访谈和现场观察，农垦生产队几万亩耕地出现了板块性沙化现象。场部由此实行“退耕还牧”政策，因为农垦的农业生产无法停止、只能围封几百亩耕地还牧，环境保护更多地成为应付上级的“面子工程”。据当地职工反映，个别老板通过人际关系，在农垦集团附近开垦耕地，有的开垦草原达20万亩无人监管。这些个体老板在短期的经济理性下，耕作制度不合理，不采取耕地保护性措施，广种薄收，引起草原大面积退化、沙化。

草原是大面积保持着草本植被或灌木植被的地区，在这些地区能够年复一年地生产出各种牲畜和野生经济动植物产品，一般不宜开垦经营农业[②]。历史上，陈巴尔虎旗一直都是草原生态景象，从未出现大面积被开垦成农地的情况。旗东部的“森林—草原交界”虽然满足农业发展的部分要求，但是从长远看来，却是旗中、西部草原的最后一道屏障。农垦地区虽然某些年份降水量可以达到400毫米，但是由于降水量集中，变率大，春旱严重，在遭遇干旱时不能为农作物提供连续供水的系统，不利于发展农业。这也是农垦集

① 陈巴尔虎旗开垦种植的规律就是耕地面积远远大于播种面积，它总是需要采取休闲轮种的办法，即播种一年，休闲一年。休闲地地表裸露，春季容易导致风沙灾害。

② 张明华：《我国的草原》，商务印书馆1982年版，第1页。

团粮食产量始终有上线，且各年份变数大的原因。

### （三）“筑室返耕”办牧业

1. “场部—分场”制度：定点放牧

从1958年开始至1985年，农垦集团实行“场部—分场（生产队）”制度，其实这一制度和人民公社时期的“社—队”体制相似，都是以生产队为基本的生产单位。人民公社时期，基层的牧业生产仍然是以传统的游牧为主，而农垦的分场（生产队）已经具有定点放牧性质。从农垦集团的各种具体生产方式来看，它是一个典型农耕思维的产物，更具有农耕文化的特征。

农垦牧业的放牧范围更小，基本不采取游牧的方式。一个农垦集团下设约十多个分场，这些分场较为均匀地分散在草原上。每个分场都划分成一个独立的生产单位，形成了一个固定的聚集区。这些聚集区就是分场的中心放牧点，以这个中心为基础向四周放牧。一般情况下，每个分场拥有10多万亩草场①。冬、春两季生产队就在定居点附近放牧，不再游牧（而周边的牧民一年四季都是游牧），有的生产队会前往夏营地，有的就是随意在草原上放牧。和牧民的四季游牧比起来，农垦的畜牧业一年搬迁次数很少，每年1—2次长距离搬迁。早在建场时，农垦就开始实行打草制度，为冬天储备干草。打草成为农垦常见的生产方式，可以把农垦设置打草场、草库伦等看成是和农区相似的一种“圈养”行为。

> 农垦建场时比较困难，养牲畜的条件非常不好。一开始，队里用柳条篱笆靠山挖墙代替棚圈，保证牲畜安全过冬。后来

① 相比之下，社队体制中的生产队是没有放牧定居点的，实行四季游牧，每个嘎查的冬、春的放牧范围在50万亩左右，而夏、秋两季则要长途跋涉至更远的夏营地，放牧范围依然是以旗为单位。

队里又建了一些土木结构的棚圈。1963 年以后，条件改善很多，开始建设砖瓦结构的永久性棚圈。从那个时候起，就不怎么游牧了，队里开始打草了。农垦的职工都不愿意游牧，周边的纯牧民还是一年四季游牧。农垦习惯用自己的方式，机械打草勤快，这样可以预防白灾。牧民们不打草，一旦发生白灾，牲畜就没了。（2011 年 8 月 10 日访谈资料）

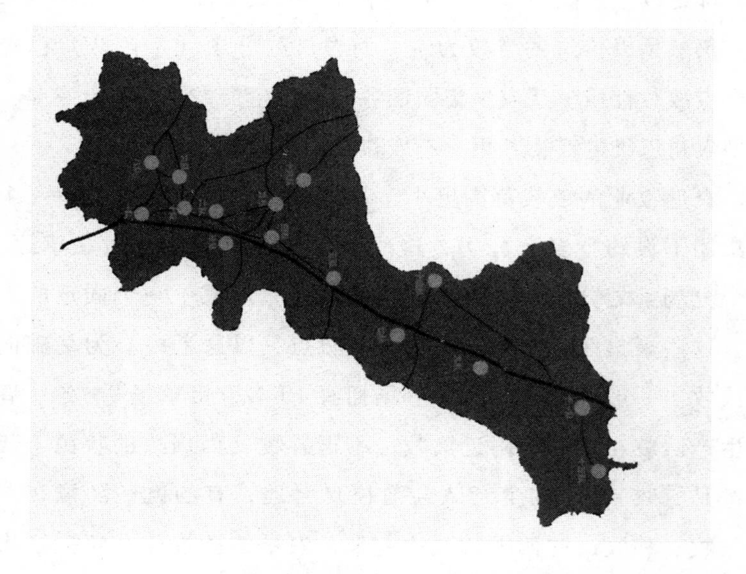

**图 3—4 哈达图农垦场部一分场划分草原图**

定居点的均匀分布和建场初期的牲畜选择偏好相关。和农耕地区的养牛习惯比较相似，农垦集团对牛有种“自然的”偏好（见图 3—4 和图 3—5）。牲畜比例中牛所占的比重较大。2010 年陈巴尔虎旗乌珠尔苏木牛占大小牲畜总头数的比重约为 6%，而哈达图牧场的牛的比重近 20%，特尼河牧场牛的数量一直高于羊的数量，牛占比重 50%—80%[①]。牲畜结构对草场的影响不容忽视，养牛过多导致的直接问题就是，牛体重蹄硬，很容易把草场

① 数据来源：农垦集团内部资料。

踩出沙道。农垦职员定点放牧，导致居住点附近的草场出现严重退化现象。

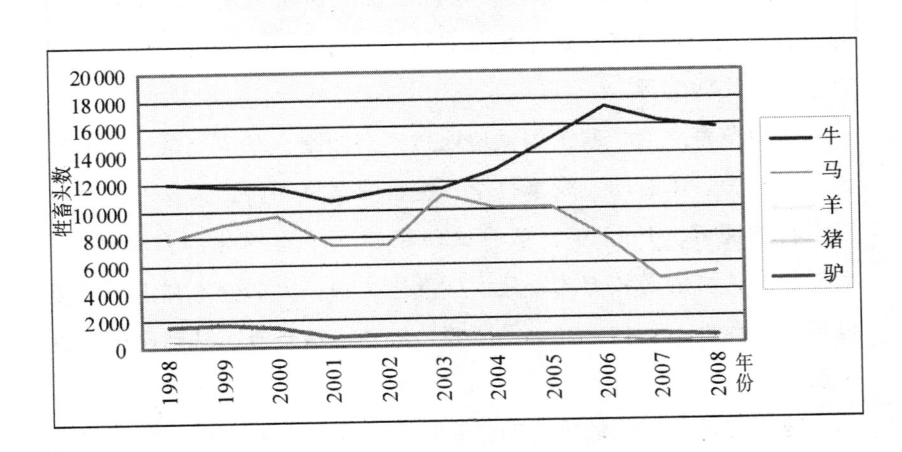


**图 3—5 历年特尼河农垦牲畜比例**

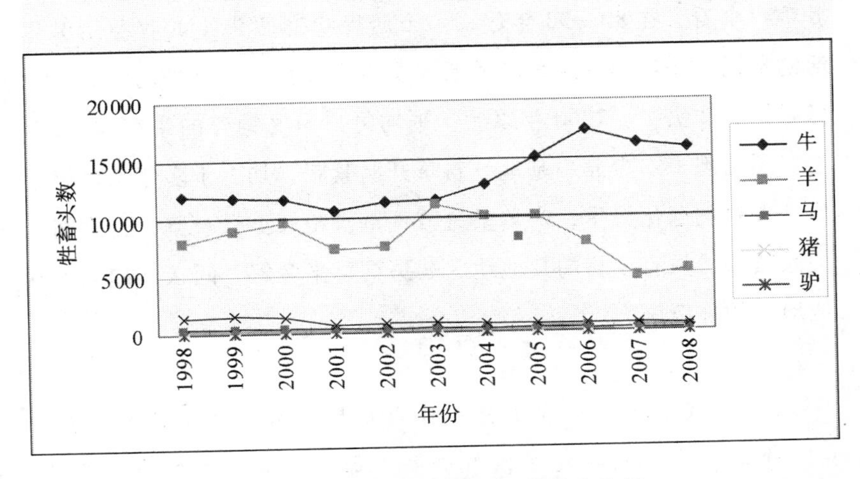


**图 3—6 历年哈达图农垦集团牲畜比例**

资料来源：陈巴尔虎旗统计局编制的《陈巴尔虎旗统计年鉴（1946—2008）》，内部资料，2008 年。

（二）划分到户：“小牧”的形成与生态影响

1985 年农垦实行“母畜作家保本、仔畜分成，草场划分到户”

的经营模式，每户居民分得1—2头牛，每位职工分得大约100—400亩草场[①]（和牧民划分的上千亩草场相比，农垦职工的草场更少）。多数生产队划分的草场，是以居民的房屋为基线，向外延伸的条状草场。各家各户的草场都有边界，有的以石头碑为界，有的以小条、小沟为界。

分得草畜之后，职工们就地取材，搭棚圈，基本上做到了牛有棚、马有舍、羊有圈，秋季打草，牲畜喂饲草饲料，饲养方式类似于农村的圈养。1997年，草原试验站建立了集约化养畜示范户，彻底放弃传统的游牧方式，建设标准化牛舍，大部分牛都进行了暖棚饲养。此外，各种土井、手压井、机井也很普遍，基础设施获得了改善。

建厂初期，农牧场饲养的牲畜较少，划分草畜之后，职工的生产积极性大大提高。50—70年代，一个生产队养几百头牲畜，划分草畜之后，一个生产队饲养几千头牲畜，普遍存在过牧现象。以养牛户来看，在80—90年代，一个居民户养两头牛的收益足够生活的费用，按照100亩草场养活一头牛来计算，农垦平均每户居民可以饲养2头牛。2000年以后，平均每户居民饲养的牛在10头以上，还出现了不少养牛基地。料草开始紧张，加上十多年来持续干旱，草牧场退化严重，产草量锐减，草价持续上升。草、畜之间的关系紧张，只有依靠向其他地区购买饲草来缓解，间接又加重了其他地区的环境压力。

"我们队一个职工分400亩草场，两头牛，我们家就一个职工。八几年的时候好养牛，那个时候养牛的少，草高，我们养了三四头牛，完全够一家人生活。一天可以挤10多

① 和牧民的上千亩草场相比，农垦职工所分到的草场更少。目前，农垦职工们的草场一直不够用，需要向其他苏木、地区买草维持牲畜，所使用的生产方式更具农耕化特征，基本上是"圈养"模式。因此，农垦集团的草畜划分到户，更接近"小牧"状态。

公斤奶，一个月可以赚300—400块钱。后来，我们这里的工人增长了，又重新分过草场了，还分了好几次，反正是越分越小。现在我养了20多头牛，10多只羊。我们的草场不够用，总是买草。夏天就让牛在跟前的草甸子上吃草，冬天就要喂料草。现在（8月初）草不够吃，牛只能吃个半饱，我们还得喂料。一个月光喂11头出奶的牛，饲料钱就要4000—5000块钱。就是白忙乎，挤出来的奶子还得吃料吃回去。一年到头养牛就是赚2—3万块钱。养得越多，草场就越不够，现在草都退化得不行了，但是不养又不行。”（2011年8月2日访谈资料）

“农垦的草场和周边牧区的草场相比，要紧张得多，我们的草场太少了。牲畜、草场划分到户以后，牲畜头数发展很快！到处都是超载！我是牧业生产队队长，我一直都觉得农垦应该有强制措施控制牲畜数量，可是真正实施起来很难。这边草原就是牧区的未来，要是草原植被都被破坏了，这里的未来就毁了！”（2011年8月2日访谈资料）

## 三 农耕民族的草原利用与观念

除了自上而下后政策制度对牧区产生了较大影响外，底层人们之间的互动、社会交往同样改变着当地的环境。外来农耕民族的进入是一种潜移默化的外力，对当地的环境产生了难以估量的影响。

### （一）人口变化图与移民分类

#### 1. 人口的增长

蒙古社会历来都有控制人口的习惯。蒙古民族认为草原生产力有限，只能容纳的一定人口数量，从草原生态的角度考虑，会进行人口数量的自我调适。清朝时期，藏传佛教对蒙古民族人口有一定的抑制作用。这和汉族儒家文化鼓励人口生育的传统有着很大的不同，汉族人口快速增长，出现了不少人地关系紧张的局面；而游牧地区的蒙古族人口却非常稀少，人口增长率也很低，曾一度出现过负增长的情况。在灾害频繁和高密度人口以及战乱的影响下，内地农耕地区人口开始大规模向边疆地区迁徙，对边疆地区产生了巨大的影响力。

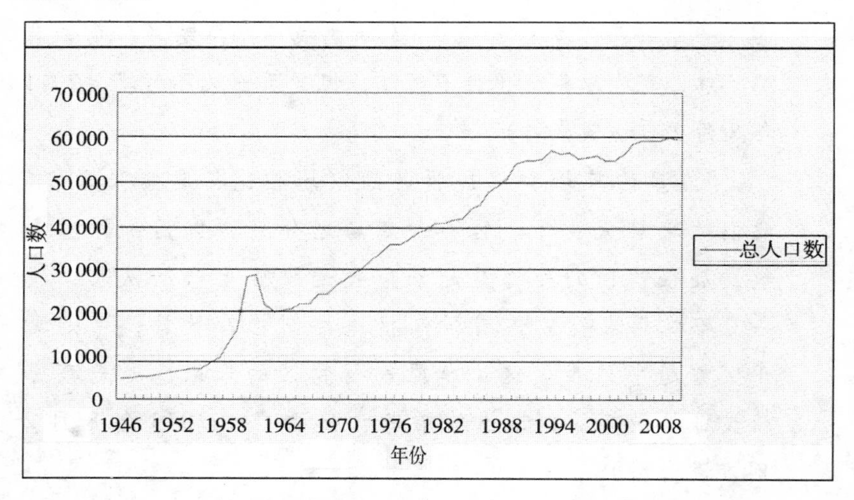


**图 3—7　陈巴尔虎旗人口总曲线图（1946—2008）**

根据陈巴尔虎旗县志记载，1949 年前陈巴尔虎的人口基本不会超过 5000 人，维持在一个较低的水平，一个旗（县）的人口可能都比不过内地的一个乡镇。人口流动小，仅有少量的汉族人从河北、山东等地迁入本旗经商或给富牧户当雇工，旗内以传统的蒙古游牧民族为主，约占了 90% 以上。1949 年以后陈巴尔虎旗人口大幅度增长。50 年代后期，国家在政策制约了人口的自由流动。城乡隔绝的户籍制、城市的单位制、农村的公社制和计划经济的主导模式等，使得内地人口流入到内蒙古受到一定的限制。在这种历史条件下，主要有两种形式的移民：国家政策下的集体移民和分散的亲属移民①。1958 年，陈巴尔虎旗相继成立国营农牧场，大批垦荒者及其家属、部队转业官兵、自流人员进入（垦荒支边队伍主要来自山东、辽宁省）。1959—1961 年外来人口有一次快速增长，主要是来自农区的逃荒流民，1962 年将大量流民遣送回去。60 年代中期以后，陈巴尔虎旗人口机械增长幅度变小，移民主要来自于分散的亲属移民，因工作调动、分配录用、下乡知识青年、投亲靠友、婚姻等原因，外来人口时有迁出迁入。90 年代初，人口增长速度相对减缓。2005 年，国家实行农业补贴政策，一些在牧区居住的农民陆续返乡种田。90 年代中后期以后，旗县内的人口流动速度大大加快了。

2. 移民的分类

按民族将陈巴尔虎旗的外来移民分类，主要分为汉族和蒙古族。这里所说的蒙古族人在当地称为“短袍蒙古族人”。“短袍蒙古族人”和农民的生产生活方式相似，已经被农耕化了。一直在陈巴尔虎旗世代从事游牧业生产的牧民，当地称为“长袍蒙古族人”。可以说，汉族和“短袍蒙古族”代表的是农耕文化；“长袍蒙古族人”代表的是游牧文化。

50 年代中后期实行严格的户籍制度，农村的人口流动是被禁止的，陈巴尔虎旗的汉族人口主要是随着农垦集团的建立而进入的，“短袍蒙古族人”主要是陆陆续续而来的亲属移民。在陈巴尔虎旗定居的“汉族人”和“短袍蒙古族人”，又带动了一批批亲属移民。如 50 年代以来，因工作需要，由区内的兴安盟、哲理木盟、昭乌达盟以及黑龙江等陆续调入大批蒙古族职工，随之迁入家属及亲戚，整个移民队伍就逐渐壮大。

目前，陈巴尔虎旗的汉族人口和蒙古族人口各占 50%，但是

① 集体移民是指，国家把一些资源贫乏的村庄集体搬迁到资源相对丰富的地区，进行农业建设，还有一种情况是通过军队在内蒙古地区开发农场，来缓解内地日益增长的粮食压力。分散移民多是指一些散户，他们因为各种因素，通过传统的关系网络（亲缘、地缘关系等）实现了“连锁迁移”。

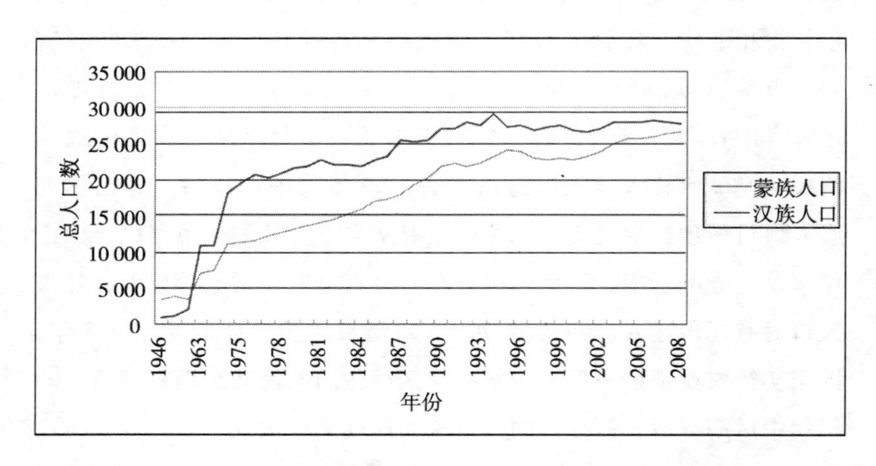


**图 3—8 陈巴尔虎旗蒙汉人口总数曲线图（1946—2008）**

如果将“短袍蒙古族”和“长袍蒙古族”区分开来，把短袍蒙古族归为农耕民族，那么陈巴尔虎旗的农耕民族人口比重更大。如图 3—4 中，黄色为汉族人口增长曲线，红色为蒙古族人口增长曲线。1949 年前，陈巴尔虎旗主要的民族人口是蒙古族（“长袍蒙古族”），汉族人口非常少。1946 年，全旗人口 4662 人，其中蒙古族 3380 人，汉族 842 人。1949 年后陈巴尔虎旗的汉族人迅速增多，50 年代后期开始超过蒙古族人口。到了 70 年代初，汉族人口的人数已经是蒙古族人口的两倍了。2000 年以后，“短袍蒙古族”进入旗内的情况比较多，导致旗蒙古族人口增多，和汉族人口持平。

陈巴尔虎旗人口分布规律可以分为三个方面。其一，本旗“长袍蒙古族”主要分散在草原上，50—90 年代，牧民游牧在夏营地时，人口主要分布在海拉尔河、莫尔格勒河、特尼河沿岸地带。其二，“短袍蒙古族”主要集中在陈巴尔虎旗城区内或苏木的行政中心，一般情况下不从事游牧业。而是在牧区做一些辅助畜牧业的职业：建房、打井、盖棚、打草等。其三，外来的汉族人口主要集中在农垦集团内，或是矿产资源丰富的地区（作为工人），以及陈巴尔虎旗城区、苏木行政中心内。旗汉族人多在各个机关团体、企事业单位和国营农牧场从事工作。

### （二）农耕民族的草原利用方式

外来农耕民族的迁入，将农区的小村庄“搬”进了大草原。在各苏木的行政中心、农垦的场部地区，形成了类似于内地农村的小集镇。1949年后，进入到陈巴尔虎旗的汉族和“短袍蒙古族”人口，主要是从事游牧业以外的生产，多以务农为主，如在农垦从事农业生产，为生产队种地。80年代以后允许自留地、自留畜①后，农耕民族就开始有自家的小菜园，房前屋后有各种种植，再圈养几头牲畜（以牛为主），平时有时间还会去干些“家庭副业”：打野味、打鱼、采白蘑等②，这种生计是一种农耕化的方式，和牧区的牧民生产生活有着鲜明的不同。

#### 1. 第一步：定居种地

从80年代开始，多数农耕居民移居到牧区，就在这草场扎下了根。初到牧区，农耕民族不习惯住蒙古包，头一两年暂时打地窨子、住蒙古包，在夏天的时候还得准备石料，盖房子定居。1949年前，旗内牧区没有固定砖混建筑；1949年后，牧区的定居房子开始成片屹立起来。定居下来的农耕移民在自家房前屋后开辟菜园，而当地牧民则不会在蒙古包附近种地，这基本上可以作为区分农耕民族和游牧民族的一个显著特征。

在第二章中已经提到，陈巴尔虎旗的自然环境分为三块，东、中、西部的土壤、降水量都不同，境内只有东部靠近林区边缘的一长条块状是亦农亦牧区，广大的中、西部地区都是宜牧地区，不适

---

① 20世纪50年代中后期开始至70年代，政策上规定牧区也不允许农民有自留地、自留畜，这项政策在农垦集团执行得非常严格，在陈巴尔虎旗其他苏木，还有保留了少量的自留畜，如牧户养一两头牛作为奶制品以供日常所需。在1959—1961年特殊时期，在陈巴尔虎旗境内也有一些开荒种菜的现象，1964年“四清”运动开始后，这种现象也逐渐被禁止。

② 至今由于人口增多，资源紧张，这些“副业”大大减少。

宜农业开垦。90年代以后，农耕民族在牧区的定居，广泛建有耕地，进一步挤压了草场面积。陈巴尔虎旗中西部地区“定居种”地的环境影响较大，草场的不合理种植已经导致沙化问题。定居区的外来移民普遍有自己家小块农业用地，这种家庭菜园非常普遍而又易被人们所忽视，对环境的负面影响也是“积少成多”。很多小范围的农地聚集在一起，对草原的至少有两个负面影响，一是大量耗竭地下水；二是加重土壤沙化。

2. 第二步：圈养牲畜

50年代开始，定居在陈巴尔虎旗的农耕民族会从事一些家庭养殖。“文化大革命”期间，农区不允许有自留畜，但是当地作为牧区，政策上还是允许居民有1—2头奶牛。80年代以后，外来农耕移民常以养奶牛为生计，定居在苏木政府附近。随着定居在各苏木行政中心的外来移民越来越多，草场明显供不应求，牲畜（以牛为主）只集中在定居区附近吃草，带来了严重的草场斑块退化问题。

外来农耕民族的养殖方式兼有农业的特点，很大程度上是在“圈养牲畜”。定居化趋势使牲畜和人都固定下来，将牛羊限定在一个更小的范围内，夏天打草，冬春给牛羊补饲，或者牛羊在定居点附近刨雪吃草，从不需要一年四季转场放牧，而是围绕定居点放牧。这和传统的游牧生产方式形成鲜明对比，传统游牧是根据牧场的自然、地形、水源、气候等条件，从一个牧场迁徙到另一个牧场，既保证了牲畜饲料持续供应，又有助于恢复牧场的繁殖力，保持草原的生态环境。

90年代中后期以后，在苏木行政中心、陈巴尔虎旗郊区“圈养牲畜”的居民越来越多，行政中心附近的草场作为“国有草场”（“共有地”的概念）被过度使用。同时，牧区内的大面积牧草都通过打草的方式转移到其他地方，草的转移对于牧区来说是一种能量的流失，每年在8月中旬以后，居民开始大面积地打草，一些药民们都转移到干打草的活去了[①]。8 月中旬以后，一部分草籽掉在的草地上，一部分草籽被打草的时候携带到定居点，优质的草籽没有得到自然选择，容易加重草场退化。

3. 第三步：家庭副业

农耕民族和游牧民族利用草原的方式不同。游牧民族是持续地利用草原，在草原内的狩猎也是依循一定的生态规则，不会对草原生态系统造成威胁。1949 年后进入旗内的农耕民族，则是大面积地、不合理地利用草原的动植物资源。

以“短袍蒙古族”为例，“短袍蒙古族”和牧民相比，更了解种地，和汉族相比，更懂得如何利用牧区资源。他们既了解草原，也知道种地，有一套在草原谋生的“看家本领”。在把家乡的草原资源耗竭后，草原退化‘沙化’后改成农田，随着人口增多，农田又养不活那么多人，于是这些“短袍蒙古族”又移居到新的草原。来到新的草原后，他们又进行了循环式的草原利用模式，重复进行新一轮的打猎，打鱼，采集白蘑、野菜等家庭副业，加剧了草原生态系统的破坏。

### （三）农耕思维与游牧思维的差异

50 年代后期开垦草原事件，也是农牧矛盾白热化时期，可以看出农耕民族和游牧民族在对待草原的观点上有着根本不同。那一时期，农区干部和牧区干部在不同区域范围内掌权，牧区的干部主要集中在牧区，农区干部主要集中农垦集团，双方之间的争论主要是集中在 50 年代末至 60 年代初的“草原大开垦”。那时候双方势力还抗衡了一段时间，最终农垦还是确定了自己的领地范围。根据现有的访谈，笔者模拟当时汉族官员与当地“长袍蒙古族”官员发生争执的场景，还原农垦进驻草原背后的话题，通过话语的呈现来表达农牧思维的根本差异。

① 这个时候的挖药行为有所减少，因为有人在草地上打草，药民们无法进行挖药。

农区干部A:“游牧是一种落后的生产方式，搬来搬去的，那么多草原荒着多可惜。现在（50年代末）中国多少人吃不饱饭，全国的粮食这么紧张，内地很多农村一年至少缺少三个月的口粮。到了草原，几万亩几万亩的草场荒着，一年就让牛羊在这些地上吃三个多月的草，真是浪费啊。内蒙古就应该开垦，这才是出路啊。”

农区干部B:“游牧太落后了。一场白灾要死多少牲畜？还是不如我们农垦，我们农垦给国家创收了多少粮食，虽然建厂初效益不好，但是也在创收粮食啊，总比放牧好啊。”

农区干部C:“我们新中国刚刚开始成立啊，粮食不够吃。四亿八千万人等着吃饭，怎么办？牧民付出一点吧。东边的草场已经开始开垦了，办了国营农牧场，中、西部的草原也可以动工了。”

牧区干部D:“不能开垦，开垦破坏草场。我们中、西部草地土层薄，不能开垦，一开垦，沙土层马上就起来了。东边的草场也只能开垦一些，也不能全开垦了，我们的夏营地都被挤占了。你们要是一开起地来，这个趋势挡也挡不住，好好的草甸子全给糟蹋了！”

……

1958—1961年“大跃进”似地开垦草原，范围从东部蔓延至中部，共开垦了近500万亩草场，引起了严重的农牧矛盾。60年代中后期，农垦开垦的500多万亩草场逐渐被撂荒，进行漫长的生态修复。

中国绝大多数是农民，或者就是农民出身，具有深厚的小农意识，他们要是到了草原，常以农耕思维来看待草原。笔者在调查时发现，至今农耕民族，从官员到普通老百姓对草地、游牧的理解和传统的牧民都存在着很大的不同。农耕民族偏向于在牧区种地、定居等思维。

综合对比农耕民族和游牧民族的思维方式，核心的差异在于农民重视“种田”和“定居”，牧民重视“水草资源”和“游牧”。对于传统农耕民族来说，拥有土地，建立田庄，安居乐业成为一种理想和追求。农耕民族提倡定居，种地的人搬不动地，长在土里的庄稼行动不得，伺候庄稼的老农也因之像是半身插入了土里，土气是因为不流动而发生的。直接靠农业来谋业的人像黏着在土地上，我们很可以相信，以农为生的人，世代定居是常态，迁徙是变态①。

农耕民族对种田的推崇，使得农耕文化里具有鄙视草的传统。对于游牧民族来说，草原是生存的根本，所以游牧民族对于“草”是非常保护和爱惜的，但是对于农耕民族来说，“草”却没有那么重要，甚至成为“锄去”的对象。比如农耕民族种庄稼的时候需要锄草，把草称之为“杂草”，当作一种无用的，争夺土壤肥力的植物。“草”这个词也常常作为“未经过休整的”、“没有雕饰的”、“无用的”之意。这样认识上的差异使得农耕民族经常视草原为“荒芜”。

农耕民族对“草原—游牧”这一生态体系不理解。游牧这种合理利用草原的生产方式，在新中国成立后备受批判，曾一度被认为是落后的、原始的（到现在为止，基层社会中的汉族管理者对游牧仍有这种偏见），政府部门一直企图用定居的方式来取代游牧。对农耕民族而言，草地就是荒地，越是水草丰美的草场，越值得垦殖、采挖和种植，否则就被认为是资源闲置和浪费。在这种农耕价值观为主导的社会中，古代的“屯田制”被越演越烈，演变成现代的牧区“垦荒潮”。

中国的农耕文化意识深厚，在民族的深层意识里扎根土壤。农耕文化的代表是儒学，宋明时期已经形成了纯农耕的儒学。儒家主要以农为本，为寻求社会的稳定，发展农业是农耕民族富国安民的

---

① 费孝通：《乡土中国 生育制度》，北京大学出版社1998年版。

根本。历史上，儒家农耕文化对游牧文化一直存在误解，很少重视游牧精神和巨大的生态价值。1949 年后，农耕文化对传统游牧区的渗透一直持续着，显性的、隐性的，从未断过，农耕文化逐渐浸润游牧，带来了严重的草原生态问题。

## 四　牧民定居轮牧的形成

在自上而下的国家政策和自下而上的民间力量的双重影响下，牧民的生产生活方式发生了转变。整个人民公社时期保留了游牧方式，和过去有所不同的是，在日常牧业生产安排中注入了“计划”的成分，灵活性和自主性有所降低。90 年代草畜承包制度以后，牧民逐渐实现了定居轮牧，放弃了长距离的游牧。2000 年以后，调查地定居轮牧的格局形成，牧民将分到的草场划分为冬季草场、夏季草场和打草场（或放牧草场和打草场）。这种放牧方式和传统游牧相比，已经不是真正意义上的游牧，并不具有游牧所带来的生态意义上资源配置效果。

### （一）人民公社时期传统游牧的延续

1949 年后，国家一直在牧区推广定居游牧制度。1950 年代开始，内蒙古中南部靠近农区、半农区的牧区，定居游牧已经存在。50 年代中后期，国家对基层社会控制力度加强，推广定居游牧不再只是一种技术性推广，而是一种政策和制度被全面执行。定居游牧政策涉及很多具体配套措施，如建圈搭棚、打草和盖房等，由于当时的社会经济条件不足，这一政策推广很慢，真正实现定居的牧民较少。人民公社时期，调查地牧民依然按照四季游牧的方式进行大规模转场，由生产队进行日常的牧业生产的管理，组织牧民放牧、打草等。下文以陈巴尔虎旗某牧民在人民公社时期的具体放牧过程为例，说明人民公社时期传统游牧既有所改变又有所延续。

**案例：人民公社时期牧民其其格的牧业生产**

人民公社时期，基层的游牧方式没有太大的变化。每年6月开始去莫日格勒河一带放牧，那时候夏营地的草场都是公用的，每个公社都可以用，不像现在全部被划分了。在莫日格勒河沿岸一路游牧至9月初，再返回到冬营地。从9月初到10月返回到冬营地的过程，就是我们走“轻便敖特尔”了。路过的草场就是我们的秋营地，碱草特别多。秋营地多半都是跨公社范围的，但都随便用。冬、春两季我们就必须回到自己公社的草场。那个时候冬天也游牧，搬家多（每隔一个多星期就搬家），冬天游牧非常艰苦，特别是在冬春交替时间，风雪特别大，为了防止畜群走散，必须寸步不离跟群守护。拆包、搭包、拆羊栅栏、搭羊栅栏成了家常便饭。在春季接羔的地方，生产队已经安排好了棚圈（当时也没有永久性棚圈，都是临时的棚圈）。入冬的时候，一部分弱的牲畜就在棚圈里，就由老年人负责照顾。

人民公社建立以后，牧业生产全部开始听从上级的安排。公社传达指标，生产队管理日常的生产。那个时候我是马倌，在每天放牧之前，生产队长都规定好几天内我放牧的草场。队长虽然是有经验的牧民，可是有时候说得也不对，明明这片草场不够了，他还让你在这块草场放牧，规定得死死的，不能随便转移。所以那时候游牧也有些不自由。

在具体放牧过程中，都是以牧户为单位。1958—1961年，我们东乌珠尔额尔敦敖拉嘎查有大小牲畜2万多头，羊一万多只。有10多个羊倌，每个羊倌属于一个牧户。一个牧户看管1000多只羊。在牧户中，一般都是男女分工，妻子做饭、照顾牛、守夜防狼，男的在户外放牧。男女都有工分，一般情况下男的有10个工分，女的有8个工分。

生产队会组织牧民打草，这个是从农区传来的，过去我们这里是不打草。牧区自然灾害严重，特别是白灾多，我们主要是靠游牧找好地方来躲灾，有时候也很难躲。后来生产队管理牧业后，我们这里打草就多了，但是那时候打草的机械水平还不如现在。

人民公社时期，草场多，牲畜少，没有什么生态环境问题。其实我觉得刚解放那会，定居也没有什么问题，牲畜太少了。而且牧民自有牧民的习惯，游牧几千年了，大伙还是习惯游牧。90年代以后，牲畜发展多了，又开始划分草场定居轮牧了，牛羊反复在一个地方吃草，反复践踏，草场肯定退化。(2010年7月19日访谈资料)

### （二）90年代以来的定居轮牧

#### 1. 定居轮牧的具体过程

90年代中后期草场的所有权和使用权被固定下来，多数牧民实现了定居和半定居放牧，从而大规模地转场放牧有所减少。传统的四季游牧机制，是通过大规模的转场，给予不同季节的草场休养生息的机会。陈巴尔虎旗牧民经历长距离的迁徙，前往夏营地的游牧方式被迫改变。据当地牧民估算，定居轮牧后，大约还有20%的牧民会大距离转场至莫日格勒河沿岸，或是特尼河沿岸，其余的牧民都是限定在自己的草场范围内放牧。从某种意义上来说，传统意义上的游牧生产生活方式趋近于终结。

定居轮牧具体的划分形式有两种，一是将草场分为三个部分：冬营地、夏营地、打草场；二是分为两个部分：放牧草场和打草场。这两种划分形式无一例外地体现着某种程度农耕地区“圈养”的特征：多数牧民在自己的草场内（平均每户6000多亩草场）划分季节草场和打草场，进行轮牧。由常年游牧转变为常年定点、季节游牧，冬春游牧场转为固定营地冬营地。多数牧民在冬营地建了固定的砖瓦房，搬家次数大大减少，一年只搬两次家，5—6月开始从冬营地搬到夏营地，9月以后再从夏营地前往冬营地。放牧方式开始发生很大的变化，过去是“逐水草而居”，现在主要依靠钻井取水，大面积打草，牧民控制草场的能力在提高，同时生产成本也大大增加了。

相比于传统的游牧生活，牧民现在的定居轮牧的生计方式大大简化了（附表）。过去的游牧生产方式是一种复杂、灵活且高度精细的技术传统，游牧民定居以后，一年的生计活动也发生了改变，由不确定的、灵活的迁徙变成了固定的迁徙和生计内容。

表3—5 陈巴尔虎旗某牧民一年的生计（2009年）

| 牧场 | 时间/生计活动 | 简要说明 |
| --- | --- | --- |
| 冬营地<br>10月到次年5月 | 10月—次年3月，储备干草，给牲畜补饲。牲畜围绕定居点放牧。<br>4月，在定居点接羔子。<br>5月，清理羊圈、剪羊毛、骟羔子（雄性羊羔去势作业）等。 | *该地的初雪时间一般在10月下旬至11月上旬。冬天的第一场降雪往往就是进入过冬的日子。冬季放牧在定居点附近放牧，一般放牧范围在可视范围之内，早上出牧，晚上把牲畜赶回到棚圈。<br>*羊的配种期由人为调整的，每年4月接羔，方便人畜管理，羊羔正好可以赶上春草的发芽。 |
| 夏营地<br>6月至9月 | 6月，把蒙古包从冬营地迁徙到夏营地，围绕夏营地定居放牧。平时除了放牧之外，还需要捡羊粪、牛粪，晒干。<br>8月下旬—9月，打草、拉草。 | *夏季放牧在定居点附近放牧，一般放牧范围在可视范围之内，早上出牧，晚上把牲畜赶回到棚圈。<br>*捡拾羊粪、牛粪并晒干是为了储存燃料。<br>*打草、拉草，准备冬天牲畜的饲草，多余草可做商品草销售，草不够则要去购买别人的草场或是直接购买饲料草运回到定居点。 |

资料来源：2009—2011年田野调查资料。

2. 居住格局

1996年划分草场，1998年开始在广袤的草原布满水泥桩柱和铁丝网。在陈巴尔虎旗，每块铁丝网圈起来的草场大约是3000—10000 亩不等，多数牧户的草场亩数在 6000 亩左右。划分草场后，表面来看，圈围起来的草比圈外的草要高得多。事实上，走进草场一看，被圈围的草依旧是稀疏草场，草下可以看见裸露的沙质土壤。牧民的草场和牲畜承包到户以后，家家都圈出一块草场作为定居点接羔草场，也是冬季居住的草场。相比过去的游牧生活方式，冬季草场上的定居点已经发生了巨大的改变，从来不住永久建筑砖房的蒙古族牧民，也开始了定居生活。

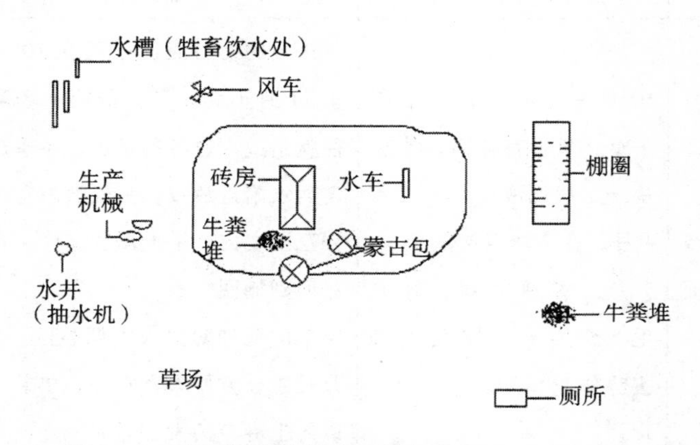


**图 3—9 陈巴尔虎旗某牧民的居住格局（2011 年）**

圈起来的草场中间几乎都盖着一间砖瓦房，旁边点缀着几个蒙古包，草原牧民的居住格局是蒙古包和砖房混居。下表是在对陈巴尔虎旗 52 个牧户的居住格局调查，有 73% 牧民继续住蒙古包；88. 5% 的牧民已有固定住房；26. 9% 牧民有移动板房。换一句话来说，大部分牧民是有1—2 个蒙古包，一个固定住房。固定住房在冬营地，为接羔点和冬季放牧点，蒙古包是夏季搬迁到夏营地，然后再从夏营地搬迁回冬营地之用。一些牧民还有住蒙古包的习惯，在固定住房旁边再搭建了一个蒙古包使用。住房附近有棚圈，现在大多数是永久性固定棚圈，一些苏木、农垦场已经用上了暖棚，还有水井、水车、风车、生产机械等在定居点附近，整个居住格局越来越接近一个现代家庭“小农场”，只是具体的生产内容是牧业，逐步固定的“农耕化”特征已经是很明显了。

**表3—6　陈巴尔虎旗呼和诺尔苏木牧民的居住现状调查（2010年）**

| 个数 | 蒙古包 | | 移动板房 | | 固定住房 | |
|---|---|---|---|---|---|---|
| | 频数(户) | 百分比(%) | 频数(户) | 百分比(%) | 频数(户) | 百分比(%) |
| 0 | 14 | 26.9 | 38 | 73.1 | 6 | 11.5 |
| 1 | 23 | 44.2 | 13 | 25.0 | 45 | 86.5 |
| 2 | 13 | 25.0 | 1 | 1.9 | 1 | 1.9 |
| 3 | 2 | 3.8 | 0 | 0 | 0 | 0 |
| 合计 | 52 | 100.0 | 52 | 100.0 | 52 | 100.0 |

资料来源：陈巴尔虎旗呼和诺尔苏木政府，2010年6月调查资料。

3. 定居轮牧的生态影响

定居轮牧措施进一步加剧了草场的负担，主要表现为以下几个方面：

首先，定居轮牧替代了传统的四季游牧，春夏秋冬草场被划分给不同的牧民使用，各个季节草场的功能和作用被忽视了，这种固化使用隔断了四季轮牧的自然调节。四季草场的生态功能各不相同，春季草场需要预留下来，这类草场往往草发芽早，是留给母畜接羔子用的；冬季草场的草高，不易被大雪覆盖，事先被牧民预留下来，如果其他季节草被啃食了，到了冬天一闹白灾，牲畜很容易被饿死；夏季草场是靠近水源丰富、凉快的地方，但是到了冬天，因为寒冷不宜牲畜居住；秋季草场往往是一些碱类植物，草籽多，如果让牲畜在秋季草场啃食过久，到了秋天草场难以打出草籽，优质牧草繁殖难以持续。牧民都是在秋季草场快速走“轻便敖特尔”，就是为了防止草籽被过度啃食。每个季节草场都是有利有弊，游牧就是避开每季草场的缺点，利用每季草场的优点。长期定点在一个地方，难以发挥草场的功能分区作用。

其次，对草原资源的固定利用，没有给草原休养生息的机会，容易导致草原斑块性退化。草畜承包到户以后，牲畜头数大幅度增长，建立的定居点过多，周围的环境显然就要遭到破坏。多数牧民认为，将牲畜固定放在一个草场单元内并不适宜。不同的牲畜对植被有不同的需求，同一牲畜在不同时间段所需求的牧区植被也不同，每块草场每年生长的牧草都不同，当牧草种类减少时，牲畜就会在围栏内到处奔走找草，畜蹄过度践踏草场容易导致草场退化。

最后，围绕定居点放牧容易造成恶性循环的环境效应。定居点的草地退化后，向周边地区扩散，造成草地的生产力不断下降，致使草地支撑的牲畜数量越来越少。牧民们通过购买饲草料、围栏和开发饲料地等提高载畜量，进一步加重了其他地区的环境。负担大面积不合理地打草，草籽被携带转移，不利于草场的持续繁直，同时在草原开发饲料地耗竭地下水资源，对草原造成恶性循环。

### （三）牧民生态观念的延续和转变

蒙古族牧民有自己的传统宇宙观、自然观、游牧生产生活方式，达到了人与自然的和谐共存。从调查来看，当地牧民还具有一定的生态观念，深层意识里生态观念还在起作用。大多数牧民爱护草原，从不轻易破坏草原，对待草原具有一种“主人”的心态，这和外来者的“客居”心态形成鲜明对比。此外，传统的牧民生产生活并不以追求最大利益为目标[①]，“不过于贪心”是持续利用草原的重要原则，这种财富的积累观念和农耕民族有所差异。

目前，以旗县为范围的传统四季游牧文化正在快速消解，这主要是制度环境的影响。1949 年后，调查地传统游牧方式虽然被保留了一段时间，但是游牧民族的信仰和传统知识、风俗却被斥为“封建迷信”的落后文化代表，和游牧相关的一整套文化体系受到

---

① 从传统牧业的角度来看，牧业非常地不稳定，牧民们没有积累财富的习惯，即便是积累财富也是可以带走的财富，如牲畜、马具、首饰、头饰等便于携带的物品。

官方的话语冲击。农耕文化与政治强权的结合，受到了高度的弘扬。随着后期一系列的农耕化政策制度，使得传统游牧生态文化渐渐边缘化。总体来说，传统的适应草原生态的放牧方式受到破坏，最主要的是草畜承包制度的实行所致的草原空间网格化、固定化所带来的。

就牧民自身而言，生态文化遗产的传承也不如农耕民族。牧区的很多生态知识并不是从书本上学来的，而是长期实践积累的。过去的老牧民有着丰富的游牧技艺，对草原生态的敏感度较强，但是这些生态技艺并没有成为系统的文字。新一代的年轻人更为向往现代社会，对于传统的生态文化传承似乎失去兴趣。草畜承包制度实行以后，在分割的草场内，传统牧民的生态知识能力渐渐失去了它的意义，被新一轮的机械化力量所替代。牧民似乎越来越不需要过去的生态知识积累，生态知识的传承受到很大阻碍。

# 第四章 “对资源的汲取”：牧区市场化进程

改革开放以来，牧区实行市场经济制度。改革期间的中国经济体制是一个混合体，同时具有旧计划经济和新市场经济的特征[①]，国家和市场相互影响。这场市场经济改革带给牧区的影响是全方位的，牧区形成了各种利益群体。地方政府在市场经济的刺激下逐渐成为一个独立的利益诉求体，朝向经营角色分化，俨然成为一种“准企业”的组织模式。外来资本进入牧区后，对资源的利用、破坏速度非常快，进一步加重了牧区资源的紧张感。除此之外，市场经济对基层人群的生产积极性、经济理性有很大刺激，牧民的生产积极性和经济理性得到空前的释放，加上机械化水平和技术的提高，牧区资源被全方位地汲取。无形之中，牧民被卷入市场化进程，传统的牧区宣告瓦解，国家和市场正合力重塑地方社区。

## 一 牧区的市场化进程与生态影响

市场经济运行的几十年，陈巴尔虎旗环境、社会发生了结构性的转型。20 世纪 80 年代初为牧区市场经济的试行期，90 年代中后期牧区正式进入市场经济阶段。目前，牧区已经形成了一个较完整

---

① 黄宗智：《改革中的国家体制：经济奇迹和社会危机的同一根源》，《开放时代》，2009 年第 4 期。

的市场结构，牧区的市场化进程中，“过度市场化”和“缺少规范的市场化”现象同时存在。

### （一）市场经济的试行期

在改革开放初期，牧区的市场经济并不完善，是“不完全的市场”。从1978年开始拨乱反正，重新重视生产，改革步伐略晚于农区。1979—1984年，牧区沿袭了部分计划经济体制，市场调节属于试行期。1980年，牧区逐步放宽分配政策，开始允许自留地、自留畜，逐步放开对牲畜和畜产品收购、流通的限制。1981年国家规定除牛羊皮、山羊绒属于计划经济管理外，其余均进入市场经济，多种渠道经营。1990年之后，所有的牲畜、皮毛都进入了市场，实行自由交易，牧区的市场经济步伐加快。

1985年，陈巴尔虎旗牲畜已经划分到户，划分牲畜的价格一般都低于市场价格，牲畜分配兼顾比例，每个牧户基本上五畜俱全。那个时候草场并没有划分到户，只是初步试行有偿使用制度。1989年，内蒙古自治区人民政府提出试行草原有偿使用制度。赋予草原一定的商品价值，将草原的无偿承包为有偿承包。在陈巴尔虎旗，这一制度使得牧民有偿使用草原，每亩草原收取几分钱到几角钱的有偿使用费，而企事业单位以及其他经济组织使用集体机动草场很少有偿或没有实行有偿制度。当时，调查地的草原还没有成为“稀缺资源”，而是作为“共有地”被各种群体使用。

整个80年代，陈巴尔虎旗的市场化进程较慢，相应的各种牧区的流通基础设施、畜产品加工业以及畜产品流通变革没有相应地跟上来，影响了市场制度在牧区发挥作用，曾出现短暂的畜产品难卖的局面。1984年，畜产品总量增加，但是市场化交易程度不高。在陈巴尔虎旗各苏木之间的市场化程度还受到交通、区域位置等影响。铁路沿线的苏木80年代就开始出售商品草，销往日本、韩国等地，交通系统不发达的苏木，市场化程度非常低。

在市场经济试行期，市场发育不完善，出现一些不等价的市场交易行为。牧民参与市场流通的环节主要是依靠买卖牲畜的中间商，由于交通不便，有些地区牛羊贩子也特别少，经常出现牛羊贩子通过不等价交换换取牧区的牛羊。在具体交易过程中，中间商总是尽可能地压低畜产品价格，在牧民急需用钱、自然灾害发生时更是趁机压低收购价格。牧民在市场交易过程中市场信息不足，处于弱势地位，引发了很多不公平的交易[①]。

### （二）逐步引入市场机制

90年代以后，是牧区逐步引入市场机制阶段。1988年9月自治区召开畜牧业工作会议指出："坚持用商品经济的观念来指导畜牧业生产，坚定不移地推动畜牧业向商品化、现代化的方面前进。"1988年8月，自治区规定进一步放开牛、羊的活畜市场，牛羊和牛肉、羊肉的价格一律实行市场调节。在陈巴尔虎旗地区，80年代中后期至90年代初期，市场经济、商品经济发展初期的市场规则严重缺失，出现了各种不公平的市场交易行为，市场化进程中出现了诸多无序行为。1993年牧区统购统销制度彻底取消，流通领域完全市场化。2000年以后，陈巴尔虎旗的市场化进程正式进入轨道，市场化速度大大加快了。

中央政府为了进一步推进牧区市场化改革，对草场实行"双权一制"。1996年把草场彻底划分到户，明确草场的使用权、所有权，实行家庭承包责任制，并坚持30年不变。草场由"公地"转变为"私地"进一步激发了市场机制的扩张，凸显了草场的商品价值。在逐步引入市场机制时期，牧区的地方配套设施也日益完善，如交通系统、集市后建成。交通系统对于市场机制来说是至关重要的，可以快速打破传统意义上的"互惠交换规则"，实现"货币交换规则"。2000年以后，陈巴尔虎旗多数苏木的道路网络开始建立，进入到牧区贩卖牛羊的中间商也逐渐增多，牧民从被动地贱

---

① 如"一瓶酒换一只羊"就是当时牧区真实发生的故事。

卖自己的牲畜到主动地选择商人，开始掌握讨价还价的本领。草畜双承包制度出台之后，陈巴尔虎旗的畜牧业产业迅速发展，各种畜产品企业兴起。近十年来，陈巴尔虎旗快速卷入市场化进程，整个牧区的生态面貌发生了巨大变化。

### （三）牧区市场化的双重特征

1. “过度市场化”

“市场化”一词暗含了指涉对象，不同的语境中“市场化”的概念也不同。本书中“市场化”对应的概念为“自然系统”。波兰尼认为，传统社会，人类的经济是附属于社会关系之下的，而现代社会是市场关系无限扩充以至于占据所有领域，这种状态下称为市场社会[①]。在中国转向市场社会时，如果经济试图“脱嵌”于社会，进而支配社会（既包括人群之间的关系也包括人与环境的关系），那么这样的情境是非常可怕的。完全自我调节的市场力量十分野蛮，它试图把人类和自然环境转变为纯粹的商品，必然导致社会与自然环境的毁灭。在市场和社会共同运行中，市场的力量扩张范围过大（在牧区的情况是，市场化往往借助国家的力量），当其成为一种没有监管的力量时，它对地方社区的传统合理要素也进行了利盖的化约。“过度市场化”并不一定达到“市场社会”这一理想类型，“市场社会”的到来是毁灭性的，只能是一个理论分析工具。

本书“过度市场化”讨论的是市场与自然的关系，是一个阶段性问题。对于难以化约为“商品”的草原生态系统，不能完全市场化，完全市场化的后果不堪设想。笔者将牧区的现状称之为“过度市场化”，即就自然生态系统而言，市场化的范围过度，超出了其自然修复的能力。近十年来，牧区已经建立较为完备的市场

---

① 〔匈牙利〕卡尔·波兰尼：《大转型：我们时代的政治与经济起源》，浙江人民出版社2007年版，第15页。

体系，自然生态都已纳入市场体系。绝大多数草场都被开采殆尽，且没有给予合理的生态缓冲带和修复时间。在基层社会中，牧区资源更多地是由“自由放任的市场”在调节，而这种自由放任市场本身也是国家强制推行的①。国家制度设计有助于牧区市场的建立、完善以致走向“过度市场阶段”。在牧区，商品经济的基本功能已经实现，对于生态环境而言，已经出现了过度市场化。

草原资源被过度开采，已经达到草原生态的临界值。改革开放之前，陈巴尔虎旗的草原是被季节性利用，如秋冬利用无水草场，春夏利用河岸附近的草场，在利用季节草场的时候，其他三季草场都有一个生态修复的过程，也就是说一年内有近50%的草原是需要休养生息，不能完全进入商品系统。90年代以来实行的草场承包制度，将草场分割成一块块的私人领域，牧户在每个划分到户的草场内打井取水，实行定居轮牧，每块草场都得以固化利用。随着市场经济深入牧区，牧民的生产积极性空前提高，草场被赋予了价格，每个角落都开发利用。不仅如此，牧区的草场使用权也成为交易“商品”，外来资本很容易租赁到草场，草场开采的力度难以控制。单一的市场化过程实际是用外部的市场价值来重新衡量一切事物。所导致的结果是：“牧区边边角角都被开发出来了，不可能有草场剩下”，又如“每年打草打得都快秃了，草籽没下来就打草，全都是剃光头”。草场不仅仅是一种商品承担生产功能，同时也是生态系统，承担着基本的生态功能。在市场经济体系中，草场的生产功能被提高到至关重要的地位，生态功能一直被忽视，继续过度利用草场资源，会导致草场丧失了足够的自我修复能力。

2. “缺少适当规范的市场化”

“缺少适当规范的市场化”也普遍存在于中国社会。在这里，

① 本书认为在改造地方生态方面，国家和市场的力量是一致的。国家在设定市场运作的规则中起到了关键性的作用。国家对资源的控制能力并没有减弱，只是形式发生了变化，从规训的权力转向市场调节的权力。

社会并不是缺少法律等文本规范，而是缺少适当的、行之有效的实践规范。西方社会历来都有一套法制规范的传统，在市场经济运行过程中，逐渐形成了一套与之相匹配的法律体系。市场经济和法律都是西方的舶来品，在中国运行时往往“水土不服”。在实际的基层社会运行中，一些法律形同虚设，人们不按照法律条文办事，还是依据情景行动。

市场化改革中一个重要的特点就是实践和表达相背离。一方面，国家各种规范法律相继出台，逐渐完善；另一方面，逃避法律的行为层出不穷。当今中国社会，基本的价值和规范认同发生了某种程度的危机。在市场化过程中，中国社会的深层结构和文化与西方社会有差异，“失范”还不足以作出令人满意的解释。原因是，说“失范”，表明中国社会在转型之前还有一套如同西方社会所依循的“法治社会”的规范，而事实上，中国社会“礼治”的特点，对法治社会的建设仍然有着不可估量的文化影响力。在市场转型社会“写（说）一套，做一套”的现象大量存在①。因此，我们市场化的道路在实践过程中缺少有效的规范状态，导致诸多的社会不公平现象。环境问题也是类似的逻辑，在没有规则约束的情况下，当资源可以转变成“金钱”时，便有人以权谋私，为金钱变卖更多的生态环境，或是恶意进行破坏自然的行为。

在陈巴尔虎旗，偷挖药材的现象比较普遍。在市场经济的条件下，草原上生长的药材被大面积地进行采挖。国家有法律条款的规定，禁止在草原上采挖药材。《中华人民共和国草原法》第四十九条：“禁止在荒漠、半荒漠和严重退化、沙化、盐碱化、石漠化、水土流失的草原以及生态脆弱区的草原上采挖植物和从事破坏草原植被的其他活动。”由此可见，偷挖药材的行为是一个违反法律的商品生产活动，这种经济行为逃避法律责任，属于市场化过程中的

① 陈阿江：《次生焦虑——太湖流域水污染的社会解读》，中国社会科学出版社2009年版，第157—161页。

不规范的行为。调查地，这种行为已经存在了将近二十年，至今也没有得到很好的规范。

近十年间草原快速退化。根据当地调查，草原的生态问题是全方位的，表现为植被退化、土壤退化、水文循环系统恶化、近地表小气候环境的恶化。草原动植物群落失调，优良的草类衰减，劣质草种增生。伴随着植被的退化，动物种群（如鼠类、昆虫、土壤动物）也此消彼长。当地的草原鼠害现象越来越严重，鼢鼠与布氏田鼠破坏草地面积的现象尤为严重，约占退化沙化草场面积的50%。

## 二 社会情境中的“利益群体”

在市场经济转型过程中，利益群体成为更为现实的行动主体。利益群体是基于特定的利益而形成的，它往往不能完全被归结为阶级或阶层的范畴[①]。他们之所以会形成一个利益群体，是因为特定的利益将他们连接在一起。而这种利益经常是一种经济利益表达。当今中国社会，经济利益成为人们社会生活中非常重要的利益，经济利益关系正成为社会中一种最基本的关系。布迪厄对资本进行了不同类型的区分，分为经济资本、政治资本、社会资本、文化资本。在不同的社会时期，不同资本类型有着不同的排列方式。在人民公社时期，政治资本曾经在社会中居于首要地位，市场经济时期，经济资本有成为居于首要地位的资本。

市场经济改变了地方政府的行为，地方政府在经济改革过程中也成为一个利益群体，有自己的利益诉求。市场化带来了利益格局的失衡，屡屡出现政府与公司创造“双赢”，而以农牧民前途和生

① 比如在拆迁过程中，同属于被拆迁户的家庭由于拆迁这个具体的利益而形成的一个利益群体，但是在这个利益群体中，可能包括完全不同的阶级或阶层的成员，有的可能是企业家，有的可能是公务员，有的可能是国企工人，有的可能是白领，还有的可能是失业下岗人员。

态环境为代价的情况。一些利益群体在享受市场化变革过程中的收益时，却损害了社区和他人的利益。

### （一）地方政府的转变

在改革开放之前，乡镇一级基本上没有自己的独立利益①。1949年以来，农村基层政权大体经历了三个阶段：建国初期的乡镇政权阶段，人民公社时期的政社合一体制阶段和改革开放后的政社分开，重新建立乡（镇）人民政府阶段。在人民公社制度下（1958—1984年），强大的行政监督没有给基层政权的经营者提供多少空间，干部团体虽然绝对支配着生产资料，但这种支配主要来自干部的管理者身份，而不是他们的经营者身份，多数干部只能以其管理身份所允许的方式行使特权——分享剩余。这种状况不允许基层政权在整体上朝向经营角色分化②。由于人民公社政社合一的体制和相对严酷的政治环境，公社干部的首要任务就是贯彻当时党的各项方针政策，他们听命于上级，随大流，跟着上级走，担当好国家的代理人角色，张静称这一时期的乡镇政权为“代理型政权经营者”。土改后与改革前的政治结构是全能主义的，它的特征是，国家通过意识形态、组织结构以及有效的干部队伍，实现了对社会生活所有方面的渗透和组织③，乡镇政权只能成为政府在基层的代言人。

在当时的历史条件下，牧区和农区的情况类似，基层干部掌握了两种资源。第一种是行政资源，作为国家权力直接介入牧区；第二种是生产资料和生活资料资源，包括生产、分配、消费三个环节。在牧区，基层干部通过分配任务、评工分、记工分和分配劳动产品，控制了整个牧业生产活动的全过程，不存在市场交换，任何

---

① 杨善华、苏红：《从“代理型政权经营者”到“谋利型政权经营者”——向市场经济转型背景下的乡镇政权》，《社会学研究》，2002年第1期。

② 张静：《基层政权：乡村制度诸问题》，浙江人民出版社2000年版。

③ 李强：《后全能体制下现代国家的构建》，《战略与管理》，2001年第6期。

自由市场经济行为要被当作是“资产阶级的尾巴”被处理。

在市场化的背景下，乡镇政权角色发生了转变。杨善华、苏红在张静提出的“代理型政权经营者”概念基础上，进一步区分了“代理型政权经营者”和“谋利型政权经营者”两个概念。在市场转型过程中，乡镇政权的角色从“代理型政权经营者”转向“谋利型政权经营者”。20 世纪 80 年代以来，财政体制改革使得乡镇政权获得了谋求自身利益的动机和行动空间，乡镇政权扮演着国家利益的代言人和谋求自身利益的行动者的双重角色①。但是，相对于改革前各级政府同样直接规划、组织、协调、监督全社会的生产，改革后的乡镇政权因其自身利益的出现具有不同于以往基层政权的特性，称之为“谋利型政权经营者”②。

改革开放后，农村经济商品化扩大了过去建立在类似细胞组合的社会结构上的农民（牧民）和干部的交往范围，以市场为基础的“网状”结构取代了人民公社时期的“蜂窝”结构③。在这种“网状”的市场结构下，地方干部可以寻求到更大的体制外的获利机会。为了最大限度地获取利润，乡镇政府不是将自己应该承担的行政管理事务看作自己的主业，而是将经济活动看作自己的主业，不惜通过手中权力，将资源转化为金钱，编制更为庞大的权力关系网络，谋求更大的自由政治空间，从而又获取更多的资源，控制更多的资产。

此外，中国财税制度分税改革推动了地方政府拥有自我权力的转变。国家准予地方政府上缴国家的税额后保留所剩余额，在这样的政策推动下，地方政府就有条件努力利用和整合自己权限下的资源并参与到企业的行为中去，形成类似于拥有着许多生意的大企业

① 丘海雄、徐建牛：《集群升级与政府行为》，《南方日报》，2006 年 04 月 25 日。

② 杨善华、苏红：《从“代理型政权经营者”到“谋利型政权经营者”——向市场经济转型背景下的乡镇政权》，《社会学研究》，2002 年第 1 期。

③ 饶静、叶敬忠：《我国乡镇政权角色行为的社会学研究综述》，《社会》，2007 年第 3 期。

模式①。从1980年代的“分灶吃饭”、“财政包干”到1994年的“分税制”，是在分权基础上扩大中央的税收和功能，中央和地方分权，直接促使地方政府成为能动主体，在市场经济的刺激下逐渐成为一个独立的利益诉求体。

按照“过程/事件”的研究取向，将乡镇政权作为社会行动者，放置在社会实践过程中加以考察和分析其角色和行为。在牧区的真实社会情境中，乡镇政权是如何成为一种利益群体？同时这种转变对草原环境产生了什么影响？下文以“草场交易”和“药材收益”为例，对某些地方政府官员的角色转变加以说明。

1. 草场交易

草场交易的“第一战”就是“划分草场时的争夺战”。1996年开始划分草场，在划分草场的过程中，实为利益的重新分配。如果将资源的再分配者层级进行划分，可以将“行政官员”和“一般办事人员”相区分，因为只有“行政官员”才掌握了资源再分配的权力。在本书的论述中，草畜承包制度早期草畜分配对政治精英有利，主要是指“行政官员”。

对于陈巴尔虎旗的牧民来说，各苏木有规定，只有一直属于生产队的社员，是“长袍蒙古族”才享有草场分配权，不是生产队的人员一律没有草场。当地的移民住户、机构人员（苏木政府、粮站、供销社、医院等）他们是无权享有草场的。分草场按照人口和牲畜比例来分，草场划分为均等的两部分，一部分按照牲畜数量划分；另一部分按照人口数量划分。事实上，长期习惯于游牧的牧民，并没有特别关注牧场的面积，也没有要求准确的测量，草场划分的具体数据对外不公开，划分草场的过程很多人是不清楚的。

关于划分草场的内幕是很难厘清的。笔者访问到一位政府机构人员，他这样谈到划分草场时的情形。政府机构人员在划分草场时，

---

① Walder: *Local Goverments as Industrial Firms: An Organizational Analysis of China's Transitional Economy*, *American Journal of Sociology*1995.

需要协调各种复杂的社会关系。首先是苏木达和嘎查队长之间的利益均衡。每个嘎查队长在清算自己生产队的草场时，总是要协调好和苏木达之间的关系，进行利益均衡，嘎查队长划分的草场不能多于苏木达的草场，他们必须预留好苏木达的草场。随后，分好草场的计划表送到旗里，旗里的官员反馈意见，表格几经更改。旗里政府官员也有草场需求，苏木达又必须重新权衡好这其中的利益关系。

牧区划分草场体现了国家权力机构在市场化的背景下依然对资源享有掌控权。整个市场化过程中，政治权力始终贯穿，根据官员的层级来划分部分草场成为牧区的“潜规则”，国家资源的分配目的依然是保持政权自身利益的影响，政权不会在引入市场机制后，反而使自己失去了对资源的控制，而是通过政权可谋求到更多的资源。倪志伟认为，国家社会主义的再分配制度并没有减少反而是增加了这些国家的不平等，因为这些分配阶级所指定的政策和体制均对自身有利。边燕杰和张展新也进一步强调，国家与市场的互动，党和国家实行转变的目的是保持其自身利益和影响①。

草场划分正是市场化背景下政治竞技场的一个缩影。周雪光提出了“市场—政治共生模型”。他认为，国家在设定市场所运作的制度性规则中具有关键性的作用：国家总是积极地根据自身利益和偏好来主动地影响市场规则，而不是被动地接受市场规则。在政治竞技场里的利益争斗中，国家与市场是存在互生关系②：相对那些伴随着市场出现的新利益而言，已有的政治和经济制度的既定利益也得到了相应的回报。国家权力没有发生根本性的变化，只是在政治竞技场中将利益进行了重新分配。

自然资源的重新安排无法逃脱对权力的讨论。草场划分完之后，草场争夺的“持续战”继续上演，主要表现为某些行政官员

① Bian Yanjie, Zhanxin Zhang, “Marketization and Income Distribution in Urban China, 1988 and 1995.” Research in Social Stratification and Mobility. 2002.

② Zhou Xueguang, “Reply: Beyond the Debate and toward Substantive Institutional Analysis.” American Journal of Sociology. 2000.

侵占集体草场，买卖牧民草场等。草场划分完以后，一些没有分到草场的官员继续通过各种交易享受到草场的使用权，如占用集体草场和国有草场，或是和商人一样，购买牧民的草场。权力和市场的交织进一步压缩了牧民的放牧面积。过去集体草场中有很大一部分草场是流动草场（预防灾害的草场），目前这一部分草场被不少官员占据。一位牧民这样说道：“现在个别当官的喜欢整流动草场。我们苏木至少有20万亩流动草场，过去是牧民抵抗白灾等自然灾害的草场，现在都没有了。政府领导不给我们流动草场了，有些人在流动草场搭个包，就说草场是他的。还有的人直接把流动草场卖给外地商人了。”（2010年8月19日访谈资料）

2. 药材收益

市场经济和财政改革以来，对于苏木一级（乡镇）的政府机构，“何以为生”成为一个重要的话题。在这样一个庞大、复杂的官僚体系的游戏规则之下，地方官员们的基本工资是固定的，如果说只有足够的“本钱”才能有足够的“关系”，某些基层官员在牧区寻求为官僚体系铺路的“资源”也就不足为奇了。

地方官员除了可以享受到多分草场的“待遇”外，还有其他获利渠道。上文“缺少规范的市场化行为”中提到的偷挖药材现象，在陈巴尔虎旗较为普遍。在“外来者—收药材户—大收药材户—药材公司”的“食物链”环节中（图4—1），一些政府官员并不履行禁止偷挖药材的行为，但是参与到药材行业中获取收益。如基层官员联合本地收药材户应对上级检查，外地收药材户贿赂地方官员在苏木内收药材，行政官员没收药材后自己变卖药材等事件时有发生。

以陈巴尔虎旗某苏木收药材户杜某的案例说明。杜某在该苏木收了10多年药材，已经和当地建立了一定的关系网络。杜某经常要和当地的一些政府部门人员“走动关系”。根据他的访谈，他每年至少花费2万元用于关系费。和政府人员建立了长期关系后，旗县内的领导来苏木检查，政府人员就会通知收杜某把药材转移，躲避检查。但是“关系费”的多少是非常微妙的，如果某些年份杜某送礼的费用不够，苏木政府人员照样没收杜某的药材，收到了药材再去卖钱。在基层社会，地方机构不愿意真正去阻止偷挖药材行为，而是等药材挖完、破坏完草场后再去“突击检查”收取罚款费。机构不愿断了自己的财路，所以不会去“斩草除根”，而是坐收“渔翁之利”。

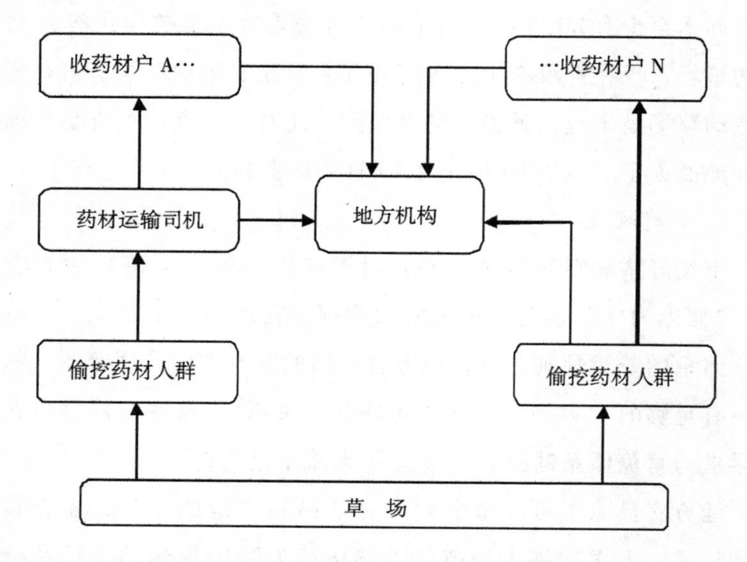


**图 4—1　某苏木的偷挖药材行为存在的“食物链”①**

外地的收药材户到调查地收药材也是走类似的程序。2010 年，笔者访谈了三位从 A 旗来的收药材户，了解到他们如何与 A 旗苏木政府“走关系，收药材”的过程。据三位收药材户介绍，A 旗的草场药材行业开始紧缩，由于长期挖药材，药材几乎被“挖绝”了，部分草场受到严重破坏，有些已经无法长草。他们正欲转移到陈巴尔虎旗的苏木从事收药材行业。

① 箭头所指的方向就是指层级之间的“供养”情况，偷挖药材者成为破坏草原环境的行为者；“食物链”的上层者包括药材生意的中间商（药材运输司机、收药材户等）；“食物链”的核心位置者是地方机构，偷挖药材人群、药材运输司机、收药材户需要向地方结构缴纳“管理费”。

收药材户：“你们这里当官的好不好使？给钱管事吗？”（收药材户问旅店老板，旅店老板会意地笑了笑，做了一个往腰包里塞钱的动作，言外之意如果给钱到位的话，可以在该苏木挖药材。）

笔者：“你们打算怎么和这边当官的联系？”

收药材户：“明天我们就直接跟这边的几个管事的人唠嗑。这要和他们商量，看我们在这里挖多长时间，能赚到多少钱。然后，我们就按提成给他钱，一般都是按总药材价值总收入的10%。我们就要求这管事的人跟其他部门沟通好，让他说，‘这是我家亲戚在挖’，这样其他人也不会管到我头上来。”

从药材收益已经可以窥见一些基层政府官员“谋利型”的行事准则。这些行为是基层政府所处制度环境的产物，有着广泛深厚的合法性基础和特定的制度逻辑，那就是市场化进程对人们行为方式和角色的日常渗透。丘海雄、徐建牛从制度变迁的视角分析了地方政府在转型期的特殊功能和角色。他们认为随着放权让利改革战略和“分灶吃饭”财政体制的实施，拥有较大资源配置权的地方政府成为同时追求经济利益最大化的政治组织①。相当数量的乡（镇）权力组织行为，很大程度上是一个动员辖区内的资源，为机关工作人员尤其是权力核心成员谋取经济利益和政治最大化的相对独立的行动者。

### （二）内陆企业的转移

黄宗智认为改革中经济奇迹和当今的社会、环境危机同一根源。中国国家体制经过旧体制的分权，结合新的市场化，激发了全国各地地方政府的积极性、推动了他们之间的竞争。在建立、形成了扩增 GDP 为主要审核“政绩”制度下，地方政府在经济发展中

① 丘海雄、徐建牛：《集群升级与政府行为》，《南方日报》，2006年04月25日。

扮演着越来越重要的角色，大力“招商引资”和“征地”来推动经济发展，形成官员+企业家的“官商勾结”的新的利益集团[①]。牧区也开始成为内地环境污染问题的翻版，企业被“招商引资”进入牧区，享有各种显性和隐性补贴以及税收优惠政策，并允许绕过国家环保法律设立运行，加重了日益严重的牧区环境危机。

90年代以后，中国各地地方政府开始大力招商引资，这样既可以带动地方经济，同时也可以增加财政收入。内蒙古地区作为“后发展”地区，有丰富的资源，廉价的地租，吸引越来越多的投资者。东部沿海地区企业，开始逐步向中、西部地区转移，寻找新的市场和投资渠道。对于地方政府而言，财政改革后，原有西部地区的社会结构和生产方式很难支撑日益增长的财政支出，地方政府又有增加财政收入的欲望，希望通过招商引资，发展工商业来带动地方经济。企业的扩展和政府的愿望相契合，中、西部地区逐渐步东部沿海地区的后尘，开始了一阵一阵的招商引资热。

结合调查地的资源特色，当地比较重要的产业主要有乳产品加工业、各种煤矿业等。2000年以来越来越多的企业进驻旗县，这些产业对牧区的环境影响是显而易见的。乳品厂推动着当地奶牛业的兴旺发展，同时也进一步带动了草场的商品化。还有一些矿业“无序开发”，“大矿小开，采富弃贫”，“先开采，后治理”等行为直接加剧了草原环境的恶化。

1.“招商引资”下的乳品厂

全国范围内的乳品产业在2003年之后由原来平稳的增长变成了突变。这是在市场和政府共同干预下造成的。首先是政府推出的环境政策，将环境修复与牧民的产业结构调整相结合，大力推进集约化畜牧业。政府把集约化程度较高的奶牛产业作为草地畜牧业的替代产业，大量的牧民被转移出去发展奶牛产业。在政府强力推动

① 黄宗智：《改革中的国家体制：经济奇迹和社会危机的同一根源》，《开放时代》，2009年第4期。

下，以数百亿元国家资金推动了一场“奶牛运动”，从2003年开始内蒙古奶牛存栏数量在不断增长。其次，在环境政策推动产业转产的力量下，作为利益受益方的企业开始大力宣传牛奶的价值，建构一场“白色革命”，迅速扩大国内市场。公众的需求也快速增多，日食牛奶数量大大增加了。但是这种“运动式”的增多颇有意味，在媒体的广告效益之下，全民喝牛奶的浪潮被建构出来，喝牛奶和一个民族的未来联系在一起，似乎成为一种爱国行为了①。

在这样的全国大背景下，陈巴尔虎旗也从2003年开始兴建各种乳品厂（见陈巴尔虎旗乳制品产量柱状图4—2）。陈巴尔虎旗一直有养奶牛的历史，这里水草条件较好，为奶牛业的发展提供了优良的自然条件。旗县内乳品厂的兴建，一方面是企业寻求资源、扩展市场的经济目的；另一方面也是地方政府招商引资的结果，同时呼应了国家的产业转型政策。在多方因素的共赢的局面下，乳品厂在旗内各苏木建场，乳产品得以快速增长见图（4—3）。建场后前提，必须保障当地奶源供应充足。所以企业进入牧区之前，当地政府会安排好当地居民养殖奶牛，形成规模效应，为企业提供奶源。在陈巴尔虎旗的各苏木，定居在苏木行政范围内的外来户就充当了奶源的固定提供商②。

以陈巴尔虎旗一个奶粉厂为例。当时，该厂所在的苏木政府为了引进该企业，特意安排了优惠政策：三年免税、租用土地免费。乳业投入300万元，完成无菌车间、现代化标准库房、培训中心、职工公寓建设。全年加工鲜奶23500吨，产值达到7572万元，上缴税金107万元。乳品厂带动了奶牛养殖业的快速增长，在苏木行政中心聚集的外来户开始饲养奶牛赚钱。当地奶牛养殖产业又进一步拉动了饲草的价格，导致饲草

① 达林太、郑易生：《牧区与市场：牧民经济学》，社会科学文献出版社2010年版，第216页。

② 当地牧民定居养奶牛的较少，主要还是以养羊为主。

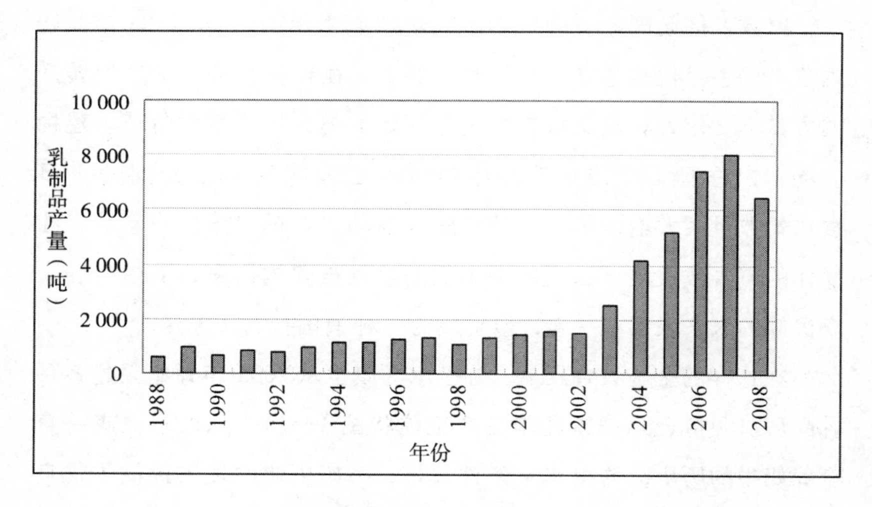


**图 4—2 陈巴尔虎旗乳制品产量柱状图**（1988—2008）

资料来源：陈巴尔虎旗统计局编制的《陈巴尔虎旗统计年鉴（1946—2008）》，内部资料，2008 年。

价格飞涨，对当地草场产生了一定的影响。

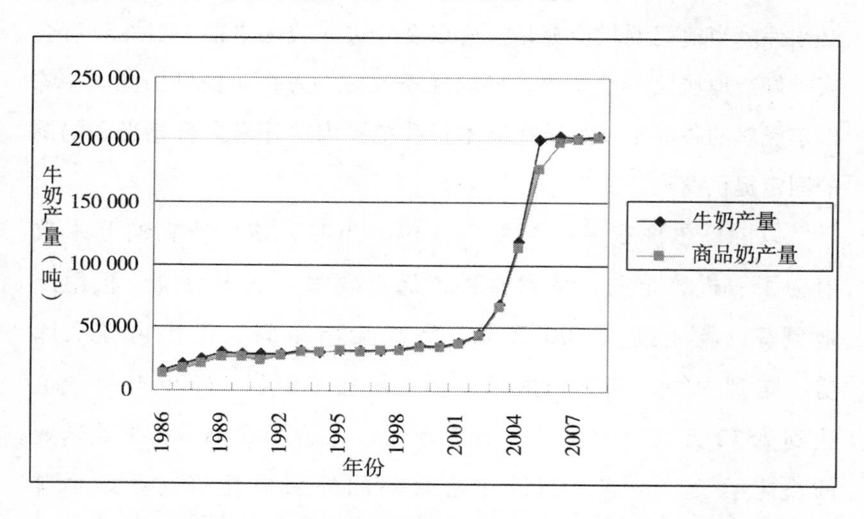


**图 4—3 陈巴尔虎旗牛奶产量曲线变化图**（1986—2007）

资料来源：陈巴尔虎旗统计局编制的《陈巴尔虎旗统计年鉴（1946—2008）》，内部资料，2008 年。

考虑到交通便捷，奶源充裕，乳品厂都是建在苏木、镇的行政中心附近，围绕着定居点而建。牛奶供应的养牛户也是在乳品厂的附近，每天都定时送奶。基层的奶源生产主要有两种生产方式，一种方式是散户圈养奶牛，每天挤奶后送往奶站，再由奶站集中送往乳品厂；另一种方式是政府组织的奶牛带，属于工厂式养殖奶牛方式，用机械化的挤奶设备，牛奶统一输送到附近的乳品厂。这种奶牛产业属于公司加农户的合作模式，奶农和企业绑定在一起。以上两种生产方式无一例外地就是需要大面积地打草或是购买商品草。饲草逐渐成为一种炙手可热的商品，在各个区域随市场规律配置，所有的牧草都成为商品被利用。

饲草的生产力有限，而乳制品的生产能力一味地提高，导致旗内各个苏木的饲草价格逐年上涨。打草方式多为不可持续性，加上短期的经济理性，打草的时间过早，很多时候草籽没有落下就打草，草的再生产能力持续下降。一般每年 8 月中旬开始打草，而传统时代牧民的打草时间并非固定，而是每年草籽成熟后再打草，有时候打草时间推迟到 10 月以后。而现在打草，是在 8 月中间之前结束打草，打草采用“剃光头”似的方式，很多地区根本不留草籽带。工业生产讲究的是生产效益，保证奶源在任何时期都要有充分的供应，很少去关注草场的可持续再生能力。乳品厂并不关心饲草的价格，他们更关心奶价。在饲草价格飞涨的同时，奶价增长相对稳定[①]，奶牛产业的风险转嫁到奶农身上。

乳品厂在客观上带动了当地经济的发展，但是对于牧区环境来说却是一种风险。这种工厂方式大大加速了牧草的商品化，使其成为稀缺资源。乳品企业入驻各苏木的十年间，也是牧区的资源被快速被消耗的十年。具有生态功能的自然资源被快速商品化，加速了环境的衰退。

2. 迅速增多的矿业

工业文明在短短的 300 年里就把人类文明的发展退到了生态

---

① 2009—2011 年，奶价一般都是 3 元/公斤以内，多数情况是 2 元/公斤左右。

极限，进而导致生态崩溃。前现代文明没有让人们清晰地看到地球的生态极限，因为每个地方的文明都还有开发荒野的余地[①]。根据市场经济的原理，在同样消耗自然资源的情况下，如果工业创造的经济价值更多，那么农牧业就要让位于工业。如果采矿业可以创造更高的经济价值，那么就大力发展采矿业。中国目前大量的重工业由沿海向内陆转移，不加以规范工业的环境行为，势必造成新一轮的整个区域环境破坏。近几年陈巴尔虎旗的矿业开发热正在兴起，但仍然是在重复走沿海地区的工业发展模式，“无序开发”，“大矿小开，采富弃贫”，“先开采，后治理”等行为直接加剧了草原环境的恶化。个别外地商人私办的小矿业更是掠夺式开采，根本不承担相应的恢复生态环境的任务和法律义务。

区域内矿产开发对草原的破坏主要表现在：（1）破坏草原地貌。在煤炭露天开采过程中，剥除矿体表层土壤，破坏地表植被，将土壤底层沙土翻出来，加速了草原的土壤沙化，并造成水土流失。（2）采矿场占用草原面积，矿产资源的开采、排出的固体废料占用了大量的草原面积，修筑道路、搞基础建设等进一步压缩了草原面积。（3）非金属矿的开采（如煤）引发地质灾害，在草原开荒引发地貌景观破坏、地质灾害等，有地面塌陷、沙漠化、水土流失等[②]。（4）开矿过程中排放废水污染草原。这种环境污染在金属矿开采中尤为突出，选矿时排放的废水、尾矿、废石等矿山排泄物对水环境污染及放射性污染[③]。（5）消耗地下水资源，打破草原

---

① 卢风：《地方性知识、传统、科学和生态文明——兼评田松的〈神灵世界的余韵〉》，《思想战线》，2010年第1期。

② 陈巴尔虎旗的宝日希勒煤矿就曾引发过地质灾害，塌陷面积14平方千米，深度5—20米。

③ 近年来，陈巴尔虎旗已发生多起化工厂污染草原的事件。如2010年陈巴尔虎旗境内的某煤化工厂排放废水、废气、废渣，化工厂附近的草原严重污染，影响了周边2万多亩草场，牧民被迫搬迁。

的地下水均衡①②。

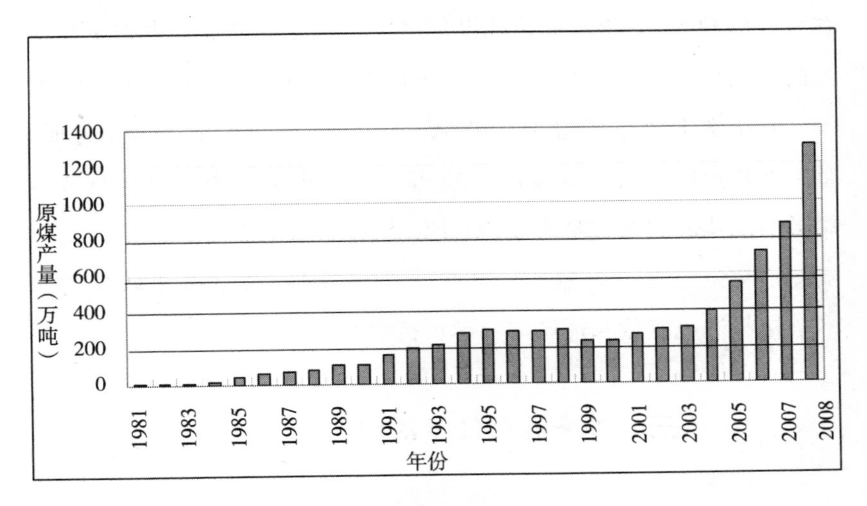


**图 4—4 陈巴尔虎旗原煤产量柱状图**（1981—2008）

资料来源：陈巴尔虎旗统计局编制的《陈巴尔虎旗统计年鉴（1946—2008）》，内部资料，2008 年。

现在的总体政策对草原功能定位还没有定准，重经济，轻生态。就全国范围内来看，内蒙古的单位 GDP 能耗高于全国平均水平，资源开采出现了大量浪费的现象。在巨大的市场需求作用下，许多资源的开采以空前的速度进行，同时受到短期利益的诱惑，在开采中还普遍出现了采富弃贫。有学者指出，内蒙古在转变经济增长方式方面相对滞后，经济高速增长由资源的高消耗来支撑③。在三大类矿产开发中，以煤矿占用破坏草原面积最多。

以煤业为例分析资源消耗型的重工业对牧区的影响。在陈巴尔

① 达林太、郑易生：《牧区与市场：牧民经济学》，社会科学文献出版社 2010 年版，第 30 页。

② 2010 年笔者前往呼伦湖某支流，看到有近 1/2 的水已经退去了。因为水的退去，原本一个大湖变成了三个小湖，中间就是白色的盐碱地。这和陈巴尔虎旗快速增加的燃煤电厂和煤化工等项目，过快地耗竭地下水资源，影响到水循环系统存在一定的关系。

③ 内蒙古发展研究中心调研组：《关于内蒙古矿产资源开发管理体制改革调研报告》，《北方经济》，2009 年第 13 期。

虎旗的经济增长过程中，经济增长对资源的依赖性很强，主要体现在“一煤独大”，煤炭业是陈巴尔虎旗的支柱性产业，占据了重工业的主要份额。2008年，在陈巴尔虎旗的工业总产值为206532万元，其中重工业总产值189390万元，轻工业总产值17142万元，重工业总产值约占工业总产值的92%，而重工业中的煤炭行业对旗县的工业利润的贡献率高达60%以上①。整个旗县的经济增长以资源消耗型的重工业为主，而重工业的总体开发还处于较低的水平，这将进一步危及区域的资源可持续利用。

## 三　外来者的经济活动与理性特征

外来人口的经济活动对草原牧区影响日益凸显。这里指的“外来者”是相对于该区的本土牧民而言，既包括该苏木的外来定居人口、流动人口，也包括不在苏木，但是对苏木草原退化造成影响的人群。他们通过“偷挖药材”、“买卖草场”、找牧民“代养牛羊”等经济行为深刻影响着当地的自然生态。日常生活交往中，外来者的经济理性也对牧区的文化结构产生了潜移默化的影响，加速了市场经济对牧区的渗透。

### （一）草原上的“屯子”

1. 90年代以后外来移民的聚集

改革开放以来，人口迁移的约束制度逐渐被打破，有明确的经济目的是当前中国流动人口的重要特征。人口流动视作是由资源分布不均衡引起的，正如典型的“推—拉”理论，其结果则使经济要素在各地域形成新的平衡②。90年代以后，“以经济为目的”的

① 陈巴尔虎旗统计局：《陈巴尔虎旗统计年鉴（1946—2008）》，内部资料，2008年。

② 项飚：《社区何为——对北京流动人口聚居区的研究》，《社会学研究》，1998年第6期。

人口流动逐渐增多。在环境和资源的吸引力下，外来人口流向内蒙古资源相对丰富的地区。

90年代之前，陈巴尔虎旗的多数苏木/镇[①]外来人口较少，90年代以后，外来人口迅速增多，围绕苏木/镇中心逐渐形成了一个移民社区，当地人称之为“屯子”[②]。屯子上的外来人口由汉族、“短袍蒙古族”组成，当地“长袍蒙古族”在“屯子”里定居较少。在屯子里居住的外来移民多以养奶牛、偷挖药材、治沙等为生计。这样的“屯子”和内地的农村有诸多的相似之处。随着牧区引入市场经济后，牧区的“屯子”就像一张“半透膜”一样，传统的牧区生产生活受到外界影响，很多是在移民社区“屯子”里展开的。市场的力量从移民社区渗透进去，再把牧区的资源转移出来。

2. “屯子”的内在文化结构

如果将乡村社区分为三种理想类型：第一种是宗族主导的村庄（相对于其他村庄），如江西、福建、广东等南方农村，宗族意识仍然较强；第二种是在现代性的冲击下，一些地方宗族发生了裂变，留下一些以家庭联合为基础的认同碎片，如小亲族；第三种是现代性因素对农村冲击的后果，传统的宗族组织不再合法，农民的认同单位仅限于家庭，村庄内农户之间的关系变成了原子化的关系[③]。调查地的移民社区更接近于第三种类型。移民社区的形成就是近二三十年的时间，连传统社区中的宗族组织都没有产生过，加上社区内的人口流动性大，居民之间的关系更原子化。

“屯子”和传统的草原牧区不同，人口流动性大，形成的是“陌生人的社区”，引发了较普遍忽视社区环境的行为。外来者形成的“陌生人社区”，人们对公共事务的态度是比较淡漠的，多数人不会主动地遵守规则。他们往往把自己当作社区的一个个“过

① 在这里的讨论不包括农垦集团的行政中心。农垦集团基本都是由外来汉族人口构成，和其他苏木的人口形成有不同。这里暂不做详细讨论。

② 即苏木行政中心所在地。

③ 贺雪峰：《村治的逻辑：农民行动单位的视角》，社会科学文献出版社2009年版。

客”，没有太多的归属感，很少去在乎社区内的公共事务，包括环境问题。在长时段的历史生活中，社区的生态平衡能够得到维持，有赖于社会规范的控制和个人的道德自律[①]。在这样的传统社区中，人和人交往密切，不得不顾及其他人的说法，这种无形的社会文化约束着人们的某些“越轨行为”。移民社区则不大存在这种文化约束。90 年代以来的外来者有很多是“短袍蒙古族”，他们很懂得怎样获取牧区资源。对于他们来说牧区仅仅作为一个资源汲取地，很少去关心牧区的草原环境。他们不会世代居住在那里，而是随着市场浪潮下的“大军”四处漂泊谋生。

### （二）破坏草原的几种经济行为

1. 偷挖药材

在牧区，偷挖药材的现象比较普遍。很多外来户因为挖药材的收益较好而定居下来，药材收入成为外来户的重要收入来源。也有一些专门从事挖药材的团伙，在各个苏木之间流动挖药。之前提到，国家法律条款明文规定，禁止在草原以及生态脆弱区采挖植物，破坏植被，也就是说，挖药材是被禁止的，外来户只好“偷挖药材”。他们在夜间骑着摩托车“打游击战”似的在草场上挖药，专门挑选牧民的冬营地和打草场，牧民们难以阻止这些偷挖药材行为。

90 年代以来的偷挖药材行为对牧区环境产生较大的负面影响[②]。过去牧民也有挖药材的传统，但是这种挖药对环境不会产生影响。牧民们少量地、有选择性地挖药材，每挖一棵药材会考虑药

---

① 陈阿江：《水域污染的社会学解释》，《南京师大学报》（社会科学版），2000 年第 1 期。

② 新中国成立前陈巴尔虎旗境内广泛分布有黄精、玉竹、山杏、黄芪、赤芍、干草、防风、柴胡等 220 余种中草药材；还有蘑菇、黄花菜、野韭菜等食用植物；经济作物芦苇贮量（干重）约为 1.5 万吨，但是如今这些中草药材资源多被过度开采不当利用，导致药材产量锐减。

材的再生长，不把药材全部掘根。挖完药材后填土覆盖，这样药材又会重新长出来。但是市场化进程中，外来户偷挖药材的破坏性很大，他们有专门的挖药材工具，为了挖一棵防风或柴胡，通常是全部掘根，挖出 30—40 厘米深度的坑。偷挖药材的人怕被抓，交纳关系费，总是匆忙挖完，从不填土。据笔者现场估算，每挖 10 公斤药材要破坏 6—7 公顷的草地。很多药材是深根植物，具有很强的防风、固沙、涵养水源的功能，无序的、掠夺式的采挖，容易导致药材不再生，被翻出的沙土四处扩展蔓延，加剧了草原沙化。

药民 SZ 这样谈到偷挖药材的过程和环境破坏：“来苏木定居的外来户 80% 都会挖药。前两年（2009 年之前）来苏木挖药的人特别多，现在很多地方都挖不到药材了。有时候为了省力气，药民会挑选草稀疏的沙地挖药，沙土地土质疏松，比较软，很好挖。有些药民不熟悉地形，就可以跟着司机（专门组织外来户挖药的人，兼做司机和收药材者，赚取中间差价）去挖药材，大家在一起挖药，看到有机构的人来抓了，就赶紧蹲下来，别挖药了。要是被没收药材了也没有关系，需要给关系费，大家都知道是这个意思。挖药材对环境还是有不少破坏的，主要是把土壤里的沙子给翻出来了，很多地方就不长药材了。(2009 年 8 月 8 日访谈资料整理)

2. 买卖商品草

买卖草场成为外来者重要的经济活动。外来居民的养殖方式兼有农业的特点，很大程度上是在“圈养”，将料草打回来饲养牲畜。“圈养”是将牲畜限定在一个较小的范围内，通过购买草场、打草的方式，以补充牲畜饲草。这种生产方式的普遍，使得牧草很快成为“商品草”在各个区域流通。在陈巴尔虎旗的各个苏木，每年 8—9 月是全国各地商人前来购买饲草的季节，一些商人形成了买草场、打草、和卖草的流水线工作小组，商品草销往全国各地的奶牛基地。

本地定居移民和外地商人都是通过购买牧民牧草的方式，使得牧草很快商品化。牧草从过去的“没有价格”到现在的“价格渐高”。2010年笔者访问一位商人，他这样说到草的价格：“看草谈价钱。有的草长得好，卖得贵；有的草长得不好，卖得贱。前几年光是草场卖3—5元/亩，有的时候是6元/亩，最高的时候达到11—12元/亩。这个价格只是指草甸子，打草前的价格。”2011年笔者再去牧区的时候，草场的价格已经涨到15元/亩。有牧民仔细算过打好草场即饲草的价格，如果是牧民自己的草场，平均0.2元/公斤，如果需要购买牧民的草场再打草，平均是0.3元/公斤，如果年景较旱的话，饲草需要0.6元/公斤。

有不少外来户从事买卖草场的中间商，他们成为草场的租户后，短期的经济理性使得他们最大限度地利用草场。每到打草季节，整个草场就像农区的庄稼一样被“收割”。不仅如此，大面积地打草，把料草转移到其他地区，打破了牧区生态系统的循环。首先，草籽被打草后携带到其他地区，优质的草籽没有得到自然生态的选择，草的产量必然逐年退化。其次，料草用来饲养其他地区的牲畜，这些牲畜的粪便却不能回归到草原，降低了草原土壤肥力。连年过度打草，不留草籽带，草场退化很严重。一位牧民这样说到打草场面积过大而带来的生态问题：“冬季草场不存雪，春季不存土，夏季不存水，连露水和雾气都没了，恶性循环。”

以下是2011年笔者和一位常年在牧区买卖草场的商人对话：

笔者：“今年打草怎样啊，草还行吧？”

商人：“不行啊，矮的地方根本就打不了草。”

笔者：“这个时候草籽都掉下来了吗？”

商人：“什么草籽啊？今年都没有看到什么草籽，怎么说草籽掉下来？”

笔者：“年年打草导致草场退化吗？”

商人：“会啊。主要是现在打草打得太狠了。”（2011年8月5日调查资料）

单纯地将自然环境纳入狭隘的金钱逻辑之中，而不加以社会规范，会带来严重的生态问题。人们为了获得预期结果，把部分环境简化成商品价值，是对不可量度的成本和效益计算出适当的价值。自以为一切事物都有价格，或者说，“金钱是所有价值的最高体现”①。正如卡尔·波兰尼指出，鼓励土地并在此基础上建立市场是我们祖先从事的所有事业中最为荒诞的事情。经济功能仅仅是土地的多种重要功能之一。将土地与人分离，并以满足不动产市场需求的方式来组织社会，这正是市场经济乌托邦理念中不可或缺的一部分②。在自然环境中建立市场，从而在市场中内化外部成本，整个逻辑就是将地球纳入资产负债表③。

3. 找牧民代养牛羊

在陈巴尔虎旗的各个苏木内，外来者找牧民代养牛羊的情况较为普遍。外来者通过具体的人际关系寻找牧民为他们代养。对于一些没有关系户的外来者，可以通过私人渠道寻找中介人，和牧民建立契约关系。通常他们只需要投资若干的牲畜或资金就可以在牧区获取收益。例如：张某找牧民代养200只羊，每年卖出当年生产的羊羔，羊羔收益和牧民四六分，张某并不需要花多少力气，一年就可以赚2万多元收益。而牧民放养这些畜群，并不记载到当地牲畜总头数中。这部分畜群往往作为“黑羊”而不在“禁止过牧”政策所约束范围内。

外来者找牧民代养牛羊，加速了牧业生产行为的市场化。一方面，各苏木/镇的牲畜头数大幅度上升；另一方面，牲畜的畜群结构也越来越单一。外来者为了加速牧业生产周期，一般是大量出售当年的羊羔。原来羊一般要饲养两年以上才能出栏，现在牧民们学

① 〔美〕约翰·贝拉米·福斯特：《生态危机与资本主义》，上海译文出版社2006年版，第19页。

② 〔匈牙利〕卡尔·波兰尼：《大转型：我们时代的政治与经济起源》，浙江人民出版社2007年版，第152页。

③ 〔英〕E. F. 舒马赫：《小的是美好的》，译林出版社2007年版。

会缩短羊的出栏周期。牧民们春天开始接羔，等羊羔长到秋末的时候就出售，这样羊羔不需要过冬，也省去了一部分料草钱，保留了一张完整羊羔皮①，提高了经济收益。此外，根据市场行情，以经济价值决定牲畜种类，绵羊成为外来者经常要求牧民代养的畜种。牧民的饲养逐渐放弃了传统的“五畜”②。但是从生态环境的角度来说，仅仅增加小牲畜的数量，而不考虑牲畜种类之间的比例，会加重草场的负担。每种牲畜对草场的作用不同，牲畜结构的不合理将阻碍草原生态的持续性。

找牧民代养牛羊的行为使得“超载过牧”现象的控制变得更为复杂。在地方政府的“文本”中，牲畜的数量往往只是牧民拥有的牲畜数量，这些代养的牲畜数量并不包括在内。确定一个区域是否产生了超载现象是依据“文本”，而非实际情况。目前，很多地区实行的“草畜承包制度”，牲畜压缩指向的是牧民的行为，而没有意识到过牧现象背后是复杂的社会群体。是多方面利益群体参与到牧业生产中，导致“过牧”行为。

### （三）外来者经济理性特征

1. *外来者之间的社会互动*

流心在《自我的他性》中论述当代中国正在经历一场剧烈的道德变革，在变革中，中国人的性格发生极大的变化，他们随时改变自己，甚至很容易就能在性格上变为另一个人（他者），这有别于以往几十年的情形。城市中的商业实践逻辑亦如此，事实上，在中国广大农村社会心理也正在发生重要变化。中国传统农村社会结

---

① 羊羔子的生产期为半年，4月接羔子，8、9月卖出，这样获取的利润更多。首先，表现在羊皮上，羊放养的时间越短，羔子皮保护得越好，可以减少锐草扎皮。一张完整的羊羔皮可卖100块钱左右。其次，因为羔子肉嫩，价格好。一些羊羔子被卖到南方，可作涮羊肉用。

② 传统的牧民家庭多数会同时饲养马、牛、骆驼、绵羊和山羊等五种牲畜以满足家庭的不同需求，这五种牲畜被称为五畜。

构，基于血缘形成的、以伦理道德为基础的“差序格局”[①]，以及卡尔·波兰尼所指的互惠经济时期[②]正在经历着前所未有的土崩瓦解。三十多年来的市场经济正改变着传统社会结构，人际关系呈现工具化、理性化的趋势。如若检视眼下中国各种变化的宏观背景，当市场成为交换体系中高高在上的推动力量之后，由其所管制的一切都经历了转型的过程[③]。

中国人在20世纪后半叶激荡的社会生活以及人在这种生活中所面临的强烈反差，可以快速地从革命时代走向市场经济时代，并进行角色转换。中国人的“资本主义精神”似乎在改革开放以来，很快地得到了体现。资本主义精神是如何由内地逐渐蔓延至边疆少数民族地区的？基层社会人们的交往和互动如何？下文笔者将描绘一些真实发生的片段，让被访者诉说自我和他人的故事，呈现出当前基层社会正在发生的社会心理转型。

第一个片段是关于内蒙古农区的故事，农民的“经济理性”似乎已经超出了“传统小农”的范畴，“权衡各种利弊之后追求利益最大化”成为重要的生活原则。内蒙古的农区居民显示出的这种“经济理性特征”和内地农村不一样，内地农村有的具备几百年历史，这里的很多农区最早是清末以后形成的；有的是1949年后形成的；而调查地的各个苏木/镇主要是在90年代之后聚集形成。这些移民社区中外来人口不能用“传统小农”来形容，更像是功利主义的“理性个体”。

首先以“婚娶”的聘礼为例说明。

赵某的自述：“我老家在兴安盟，过去是牧区（清末时期），现在都是农区了（都是“短袍蒙古族”）。我们那里的人很穷，地

---

① 费孝通：《乡土中国 生育制度》，北京大学出版社1998年版。

② 〔匈牙利〕卡尔·波兰尼：《大转型：我们时代的政治与经济起源》，浙江人民出版社2007年版。

③ 〔美〕流心：《自我的他性：当代中国的自我系谱》，上海人民出版社2005年版，第116页。

坑坑洼洼的，不平，草场退化后，办农业，农业也不行。家里穷，主要是靠养女儿赚钱，就跟卖女儿似的，没有什么感情可言。”（2010年7月5日访谈资料）市场化时期，以婚嫁为例，聘礼体现出人们的“经济理性”观念得到了空前的膨胀。

以下是笔者和内蒙古农区居民的对话，这些对话反映了当下牧区移民“屯子”普遍发生的情况：

笔者：“这边的人好相处吗？”

农民A：“各过各的，不正常。用着你了就好，不用你了就不好了，这叫现友现交。这边都是四面八方来的人聚集的，没有什么亲属关系的。基本都是认钱不认人。”

笔者：“你和这边的人熟吗？”

农民B：“不熟，待了10多年了也不熟。这儿的人没事就玩个麻将，玩三块钱、五块钱的。玩完麻将都是各过各的，平时没有什么太多的来往。”（2010年6月30日访谈资料）（移民社区中的居民主要的特征在于“纯粹的精明”，连一些“人情”、“面子”都不起作用了。）

第二个片段是陈巴尔虎旗各苏木/镇内这里的外来移民的经济理性特征，和内蒙古其它地方的农区的移民有着很大相似性。

笔者：“屯子里的人好相处吗？”

外来者C：“这边的人定居就是冲着牧区可以挖药来着，再买几头牛，租个房子……人各有鬼道，要是你有啥油水，就跟你处得特别好，没有油水他一点儿也不理你。”

笔者：“这么多年，这边的人有什么变化吗？”

居民D：“哎，变化很大。过去（60—80年代）的人可实在了，很淳朴。那个时候我和我老伴都是供销社的社员，和牧民相处也很好。平日里大家都经常串门，你来我家吃饭，我上你家吃饭，彼此都不会计较太多，大家在一块可好了。现在呢，屯子上的人变‘坏’了，外地人来得多了，本地的老坐地户也变了。人都变得更复杂了，现在都会考虑利益啥的，都是各过各的。人和人之间的感情都是这样，他们来这里就是为了图草场那点利——赚钱，才不会管这里的草场怎样呢。”（2010年7月13日访谈资料）

2. 外来者与牧民的社会互动

第三个片段是一个典型的案例，彰显出民间“资本主义精神”的“中国特色”。一位外来者不断地游走在法律的边缘，钻政策的空隙，认为“生活就是赚钱”，减少享乐，善于算计，积累财富。这一案例主要描绘的是外来者和牧民的社会互动场景，这种互动很大程度上影响当地牧民的人际交往方式，牧民也不得不卷入进这个“利益”驯服“温情”的世界。

人物背景介绍：赵某，蒙古族，38岁，籍贯齐齐哈尔人，出生于呼盟扎兰屯市，目前居住在陈巴尔虎旗。赵某的职业经常转换，干过猎民、农民、司机、牛羊贩子等，他的口述生活史集中地体现了外来移民身上的“经济理性”（也可以说是一种资本主义精神，对于赚钱的追求贯穿于整个生活）。同时他也代表了牧民们最反感的那一类外来者形象，通过各种方式想从牧区赚更多的钱，不惜破坏草场。

“我20多岁的时候，干过打猎（主要是打黄羊）。从70年代开始，我父亲打猎都快打了20多年了，那个时候没有人管。等我打猎的时候，没有猎民证不能打猎（我是汉族，没有猎民证）。我就想个法子弄个猎民证来。当时我在扎兰屯的一个乡，我们乡有鄂温克族的猎民，那些猎民喝多了就动刀动枪的，死了后政府就把枪给缴了。我们就送礼给乡里，想把这些猎民的枪给领出来。乡里说了，枪不让卖，证可以卖。于是我就买了一个猎民证。后来我又把自己的户口落成鄂温克族了，成了少数民族。我们那边的人都是这样弄的。（笔者：那像你这样落户的多吗?）后来我们这些汉族几乎都是鄂温克族了。

可是有了猎民证没几年，2003年国家又把我们的枪收走了，不让打猎了。好多地方都控制了，不让打猎了，抓到了往死里罚。国家收枪了，但是得让我们生活呀，交完枪后，我们就找市政府，市政府就下了文件，让我们开地。那时候规定，一家能开30亩地，我们不管，一家都开一百多亩，种黄豆。我开了三百四十亩地，不种，把地都租给人家种（当时一亩地租金每年一百二）。2005年政府开始罚我们了，地开得过多了，都罚蒙了。我们一共开了两次地，2003年和2005年，2005年开的地就要受罚。罚也认了，反正地又不上交，呵呵。我罚了四万多。现在算算多划算呀，赚钱啊，现在都不让开了。我们那边草甸子都给开地了，哈哈。

我种了一年多的地，不想种了，烦种地，就当起了牛羊贩子。我每年都往牧区跑，走了很多地方，一开始坑草甸老乡（牧民），不坑他们我们能赚钱吗？慢慢地，这边的草甸老乡都不愿意跟我们打交道，说我们下面（南方）来的人坏，太滑。他们不愿意跟我们做买卖，搞得我现在收牛羊还得再找个当地的向导。向导领着，哪家有就去哪家。（笔者：找个向导是什么意思?）当地牧民不愿意卖羊给我，我一说不流利的蒙话，他们就不搭理我了。找个向导，我在旁边不说话，让他买羊。我一旁看着就行。

我就想办法在这里（乌珠尔苏木）买块草场，我寻思过几年，就慢慢往这边发展发展，在这里养羊更赚钱呀。2007年一只羊羔才二百来块钱，从2008年以后，羊价蹭蹭地往上涨，就没掉下来。现在（2010年）一个羊羔子四百多块了。2011年一个羊羔子可以卖到650—700块钱了！我打算就这么着，让大羊四月下崽，九月就卖，四五个月就行了，专门卖羔子。（笔者：你可真闲不住啊!）闲不住呀，我这是只要挣钱的都干。

我琢磨这地方琢磨四五年了，有草场我就早买了。现在租的那个草场就是牧民红花的，我给她四十多万她都不卖，只能租。我跟这女的商量好几回了，‘你这草场卖给我得了’，那女的就不干。我才花那么多时间跟她耗着，跟她唠唠。我再等等吧，看过段时间她松不松口……现在年代多不好啊，用不上十年，这时代变的，谁也看不到以后啥样子呀，谁能相信十年后的?”（2010 年 6—7 月访谈资料）

从赵某的案例中可以看出，“活着就是为了赚钱”的生存哲学。这种赚钱的逻辑可以追溯到“资本主义精神”这一概念，自然被当作金钱资本，个体似乎有一种权利和义务去利用这个资本，同时社会制度允许和鼓励这种持续不断的个人财富的增长[①]。对于这些外来者来说，不管是务农还是畜牧，其目标不是简单地维持生活，而是赚钱，与传统社会中以生存逻辑为主的心态发生了巨大转变。但是，这种“资本主义精神”并非像韦伯所指的“理性、合理地赚钱，把获利作为人生的最终目的”这一理性类型，而是不断地违背官方的一套法律、规则制度，无序的工具理性的膨胀。从钻国家政策的空隙，办了猎民证，由汉族人变成了鄂温克族人。再由疯狂地开地，以及后来通过压低牧民牛羊的价格，与牧民进行不公平的市场交易，最后为了占用更多的草场，希望通过私人关系来获取牧民信任，欲获取草原的终身使用权等，赵某案例正好是外来者“经济理性”的集中体现。

最后一句话，“这时代变的，谁也看不到以后啥样子呀，谁能相信十年后的?”也说明了个体性格的“今日之今日性”[②]，活在当

① 〔美〕唐纳德·沃斯特：《尘暴：1930 年代美国南部大平原》，生活·读书·新知三联书店 2003 年版，第 5 页。

② 根据《自我的他性》，“过去的时间”和“革命时期的时间”都有具体的所指，日常生活的每一天，在“祖荫”或“艳阳”下牵动着过去或明天的现在是一个替续的时间过程。而市场经济时期，人们则是“今日之今日性”，无法诉说“我们自己”，对于未来更加的迷茫，不确定性与日俱增。

下，未来有诸多的不确定性。市场经济的力量使得个体似乎忘记了历史，忘记了主体性，成为一个个相似的个体，即“没有灵魂的赚钱的机器”。这样的话语似乎也并不例外，当地的很多外来者都有一种不同牧民的“经济理性”观念，在他们的话语世界中，金钱的意象发挥了重要的效用，一切秩序无不在金钱的统御之中。借助于金钱的权力，一个人可以穿行于拟想的、权力与财富的新天地。金钱已成为日常生活的意象，它并非日常谈话中必要的讨论对象，但却构成了人们平时讨论所不可或缺的规范①。

“资本主义精神”在牧区的渗透，对于牧民群体来说是一个不小的冲击。外来者群体之间没有太多的情谊，更像一个个“完全理性算计”的经济人。而传统牧民的思维却不同，他们的经济理性不是那么强烈，他们并没有像内地一样的经济交换的结构，更多的是一种互惠原则。在市场交易行为中，当牧民把外来者当作为“异乡的朋友”时，外来者只是把牧民当作一个个“赚钱的对象”。对于少数民族群体来说，在短短的十年内，各种不规范的市场交换行为、经济理性观念，使得他们明显感觉到一种被剥夺感，对他们的精神观念造成巨大的冲击。牧民与外来群体之间的互动，已经发生了“情谊的退化”，更注重利益的方面，有时候，他们对外来人群都“没有什么情谊可言了”。

这样的转变，直接影响到牧民的日常生产、生活方式，他们生产的牛羊必须和外界进行交换，怎样在这样的交换结构中做一个“理性的经济人”？这使得更多的牧民开始卷入市场化、理性化的浪潮中去。在日常社会互动中，外来者成为牧民理性化的重要因素之一。韦伯认为，现代社会是一个理智化、理性化和“去魅”的时代，工具合理性行动（目的——工具合理性行动），是指能够计算和预测后果为条件来实现目的的行动。目的——工具合理性行

① 流心：《自我的他性：当代中国的自我系谱》，上海人民出版社2005年版，第120页。

动，有行动摒情感的形式合理性内容[①]。牧民逐渐理性化的结果，将直接影响到与周围环境的态度，正是这种转变，促使他们从草原中索取更多。

## 四　牧民生计市场化与观念转变

在国家政策、市场力量，以及基层社会中外来移民冲击下，牧民的生计活动方式、观念都逐渐赢合新的市场规则。牧民生计活动的市场化主要表现在牲畜数量增长，牲畜构成的改变以及草场使用方式的理性化三个方面。由于草场条块分割，生活生产成本逐年增加。牧民不得不提高牲畜数量以应对市场化带来诸多不确定性因素[②]；同时，牧民的生产经营更像是一个“理性的小牧”，开始掌握一套适应市场的生产方式，包括改变牲畜的构成，理性地使用牧场，积极地参与市场经济活动。不仅如此，牧民群体开始出现分化，形成了大牧主、普通牧民以及“不适应的”牧民群体。与之相伴随的是传统的地方社区瓦解，原子化的牧区形成。建立在区域生态之上的传统游牧文化分崩离析了。

### （一）生计活动的市场化

1. 牲畜数量的增长

传统时期，游牧地区的牲畜头数并不少，但是通过游牧的方式很好地协调了畜群对草原的压力。进入市场化阶段，一方面，牲畜头数猛增；另一方面，草原的承载量也急剧下降，这样的畜群承载力下降后，牲畜数量反而无法继续上升，会出现一定程度的快速下降，同时草场被快速破坏，造成恶性循环的局面。在陈巴尔虎旗，根据当地牧民老人的回忆，整个清朝时期陈巴尔虎旗的牲畜头数在

① 苏国勋：《理性化及其限制——韦伯思想引论》，上海人民出版社1988年版。

② 包括医疗、教育、生产费用等

40—50 万只左右，而且那个时期游牧生产方式保持着良好的草畜平衡。日伪侵占陈巴尔虎旗后，陈巴尔虎旗的畜牧业受到影响，牲畜数量下降。新中国成立后陈巴尔虎旗牲畜头数逐渐恢复，并有所增长。总体来说，2000 年之前，大小牲畜头数控制在 60 万只以内，这一时期草原环境被保护良好。2000 年之后市场机制在牧区逐渐完善，加之以牧业生产技术的提高，旗内大小牲畜突破 60 万只，并继续快速地增长出现了超载现象。2005 年大小牲畜总头数达到 115 万最高值。由于牲畜过快增长，草场出现严重超载，草场生产力锐减，牧民不得不大量出售牲畜，牲畜头数大幅度下降。当前旗内的牧业生产已经表现出诸多的不可持续性（见图 4—5）。

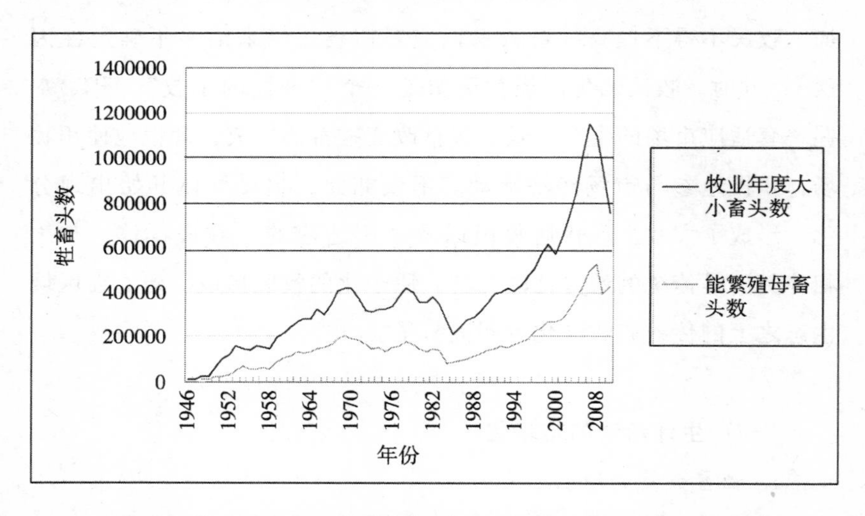


**图 4—5 陈巴尔虎旗大小牲畜总头数曲线变化图（1946—2008）**

资料来源：陈巴尔虎旗统计局编制的《陈巴尔虎旗统计年鉴（1946—2008）》，内部资料，2008 年。

旗内牲畜数量增长的原因主要在于制度和技术的转变。首先是市场机制的无限制扩张极大地激发了牧民的生产积极性，这是和人民公社时期截然不同的生产状态。草原牧区在人民公社时期，畜群的所有权由牧主转移到公社集体，生产大队负责分配牧场、畜群和收益。在人民公社时期，社员付出的劳动，其价值并不是直接与市场挂钩，而是视队里总体的生产效益而定。和内地农区一样，那个时候牧民的生产积极性普遍不高。

> “人民公社时期，牧民的牲畜和草场都是归生产队管理，大伙只管干活就可以了。生产队的牛羊少，还少干活呢。那个时候的草场多，牲畜少，大多数牧民没有太多生产积极性。现在牛羊和草场都归个人管理了，每个人都想着多养牛羊了，草场也不够用了。”（2010年7月14日访谈资料）

1984年，全面开展牲畜“作价归户”的生产责任制，将“队为基础”的体制改为家庭联产承包制。苏木所有的集体经济都分产到户，那个时候，只分牛羊和生产队的固定资产（如拖拉机等），并没有对草场进行划分。牧民分到牲畜后，害怕牲畜再上交，陈巴尔虎旗曾出现了大面积地屠宰牲畜的情况。1996年实行草场承包制度，陈巴尔虎旗的市场化进程大大加快，牧民的生产积极性提高，大小牲畜数不断上升。从2000—2007年，陈巴尔虎旗一直处于降水量偏低的年份，但是牲畜数量却发生了大幅度的增长，2005—2006年，大小牲畜头数超过100万只，按照当地的牧民说法，该地区的牧区草原承载量为60万—70万只大小牲畜，超过70万只可以看作超载。2006年开始牲畜总量大幅度下降，天气干旱的情况下草场仍被过度使用，多数牧民因为缺草而纷纷出售牲畜，缓解牧草紧张状况。

其次，技术的进步大大加强了牧民控制自然的能力。过去自然条件限制着牧民的生计活动，这使得牲畜数量始终停留在较低的水平。当然在粗放经营的条件下，周期性的自然灾害会削减持续增长的牲畜数量，从而使草地的承载量始终维持在一个相对合理的水平上。根据牧民回忆，90年代以前，各苏木受到白灾旱灾等自然灾害的制约，牲畜数量始终保持在较低的水平。2000年之后，在当地国家开始给牧民提供的贷款，用于修棚圈和购买打草机等，这使得家畜过冬的成活率大大提高。十多年之前，多数牧民的羊群成活率只有50%，现在牧区的羊群成活率为75%—100%。随着技术的提高，家畜收容设施的完善，牧民有能力饲养更多的牲畜，并将这些牲畜成为市场的一部分。

牧区实行市场经济以后，一方面，受到市场供求关系的影响，外界对牧区资源的需求不断增加；另一方面，牧民的生产积极性和生产能力也大幅度提高，这两种推动力都给予草场带来巨大的压力。牧区草原连续十年利用比较充分，有从接近饱和到过度耗竭的趋势，草地生产力大幅下降，加剧了牧区生态系统的失衡。从陈巴尔虎旗目前的状况来看，牲畜数量上升到临界值之后，草地的生产力已经不可持续，草原能够供养的牲畜是下降的。草原生产力的有限性与现代市场经济的扩张存在着难以调和的张力。

2. 牲畜构成的改变

在与外界不断地接触中，牧民们慢慢学会安排牲畜构成以适应市场的需求，其中最主要的特征是“五畜”构成中绵羊的比例快速上升（见图4—5）。历史上陈巴尔虎旗的“五畜”中马的数量排第一位，成为游牧民族富庶的标志。1949年后，陈巴尔虎旗的畜牧业受到战争破坏严重，在牧业生产恢复中，各苏木[①]更多的是基于国家需求和传统放牧习惯结合安排牲畜种类，例如1950年旗内绵羊所占大小牲畜比例为51.5%；牛占畜群比例为30%。划分牲畜以后，陈巴尔虎旗畜群结构形成了“小而全”的经营体系，几乎每家都是“四畜”（指牛、马、绵羊、山羊）俱全。而市场经济以来，牧区的畜群结构越来越趋于单一，向小畜[②]为主的畜群结构发展。根据市场规律调节，多数苏木小畜中的绵羊数量大大增加，2005年各苏木的绵羊比例占到84%，牛占畜群比重仅为

① 在这里的讨论排除了国营农牧场的牲畜比例，因为国营农牧场从建场起牛所占的比例就很大，牲畜种类完全受到国家的安排。

② 大牲畜有：牛（包括产奶牛）、马、驴、骆驼；小牲畜有：绵羊、山羊、生猪。

5.4%（见图4—6）。

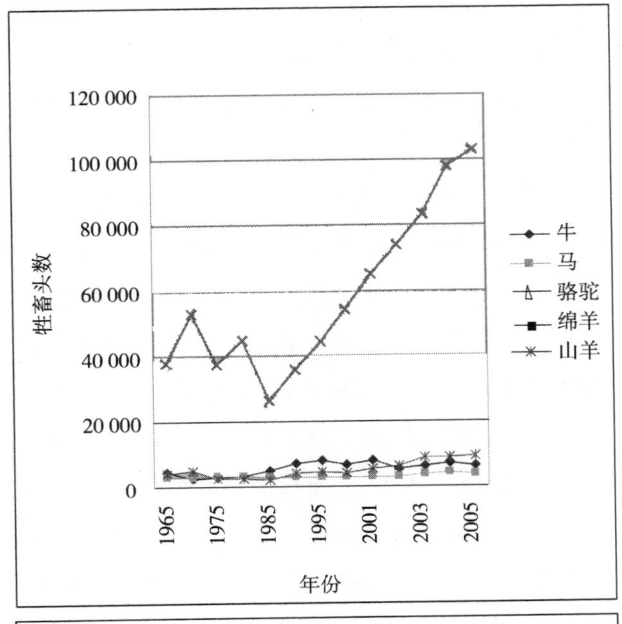


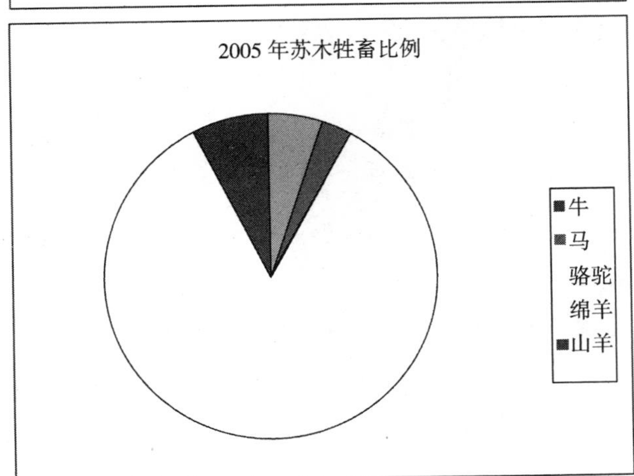


**图4—6 陈巴尔虎旗某苏木牲畜比例变化图与饼状图**

近年来，牧民们为了加速市场化周期，大量出售当年的羊羔。在商品意识的普及下，牧民们渐渐放弃了传统的“五畜”，大型牲畜如牛、马，因为不利于收获能力的增加就退出经营范围，不少牧民专门以养羊为主。这样养羊方式和传统的养羊又有很大的不同，在过去，绵羊一般要饲养两年以上才能出栏，现在牧民们缩短了羊的出栏周期，出售当年的羊羔。牧民们从市场和生产成本角度出发，春天羊群开始接羔，等羊羔长到秋末的时候，就出售，这样羊羔不需要过冬，保留一张完整羊羔皮，也省去了一部分料草钱，可获得更多的利润①。

中小牲畜绵羊比重增长过快，这一牲畜构成比例并不合理，违背了草原生态环境对不同畜群的要求，容易使生态环境变得更加恶化。传统牧业中形成的五畜是和草地生态系统相互协同进化的。不同的畜种对牧草的采食不同，也直接关系到天然草地的自然演替。过去牧民根据草场类型和草场条件进行比例调整家畜结构，是在充分利用草地的同时又将草场维护在最佳状态，各种牲畜的粪便可以使草场生产力得以更好地恢复。而目前现实生活的场景是，牧民却越来越不根据自然环境在选择畜群，而是根据市场来选择。这种不考虑牲畜种类之间的比例，一味地提高单种畜群的出栏率非常不利于草原环境的可持续保护。

一位外地商人告诉笔者："现在草甸老乡（牧民）就跟做买卖的一样，会计算哪种牲畜赚钱就养哪种。"以下是笔者和几位牧民的对话，从中可以看出牧民的牲畜选择已经更倾向于市场规律了。

笔者："为什么大家愿意多养绵羊呢？"

牧民 A："这和繁殖的周期率有关系。就跟做生意挣钱的一样，哪个繁殖快就发展哪个。有快的繁殖的动物，干吗要发

---

① 羊羔子的生产期为半年，4 月接羔子，8、9 月卖出，这样可获得利润最高。首先，表现在羊皮上，羊放养的时间越短，羔子皮保护得越好，可以减少尖锐的草扎出洞。一张完整的羊羔皮可卖 100 块钱左右。其次，因为羔子肉嫩，价格好。一些羊羔子被卖到南方，可作涮羊肉用。再次，把当年的羊羔卖掉可以保持大羊的体力，不会影响大羊当年继续受孕，繁殖下一批羊羔，提高繁殖周期率。第四，小羊在断奶前，虽然肥，但都是奶膘，断了奶后吃草肥，就叫草膘，更实成且压秤，对于牧民来说可以赚取更多。

展慢的呢？比如说这边养马的也有，但是不多，为什么？马这玩意儿繁殖得慢，三年才下两个。没有羊繁殖快，羊四月下羔子，九月就可以卖了。加上马祸害草原也厉害，消耗草也多，养它怕不划算。”

牧民 B：“不过现在的马涨价也厉害，有的达到七八千一匹了。要是本钱多的，有实力的话，还是可以养的。这些投入都有个上限的，多养牲畜就得多要草，如果你草甸子数量有限，你就得有本钱买草，买草太贵就没法养了。”

笔者：“过去也卖羊羔子吗？”

牧民 C（老牧民）：“过去哪有听说卖羊羔的啊。现在的羊羔不满一年就卖了，主要是为了节约草场，但是加重了母畜的负担，草场的使用不正常，久而久之必然出现问题。”

牧民 A：“现在是专门卖羔子，而且当年下的羔子当年就卖。我们牧区和你们那里不一样，你们是一个月发一次工资，我们要等着羔子出来后才有钱的。我们就指着羊过日子，羊羔子生产的周期短，养几个月就可以卖到钱，要是时间等长了的话，我们的钱也不够用。”（2010 年 5—8 月访谈资料）

3. 草场使用理性化

在国家的各种制度安排下，牧民们逐渐形成了“私有地”的观念。草畜承包制度以后，牧区被分割成一块一块的草场，每个牧民拥有一块属于自己的领地，放牧模式受到很大的影响。放牧面积由原来的上百万亩[①]缩小至一万亩至几千亩草场内，形成了一个个的“私人的领域”。在这些私人领域里，牧民们开始学会权衡牧业

① 1996 年，乌尔苏木可利用的草原面积。按照书面计算，当时牧户大约为 200 户左右，每户可划分的草场为 0.932 万亩。但是实际情况还需要根据每家的牲畜头数划分。

投入的产出比。

相比于传统时期，市场化时期牧民对草场的使用更加理性化。在调查地，一些牧民尽量省着自己的草场，多占用集体草场或是在他人的草场上偷偷放牧；不同牧场的所有者经常会发生争执，为草场使用而产生争端；毗邻的放牧者往往不会共用一口井，多数牧户都必须自己打井；过去牧民通过“借场”的方式（称作“敖特日”）抵御旱灾，现在这样的走“敖特日”的过程被取消了，“借用草场”的方式逐渐被商品化。

以牧民过去四季游牧方式的转变为例。市场机制引入牧区之前，陈巴尔虎旗多数牧民都是以莫日格勒河、特尼河一带为夏营地。90年代中后期以后，夏营地一带的草场被各种势力占据或承包，牧民来这里放牧需要交纳一定的费用了，多数牧民就不去传统的夏营地，而是寻找新的“共有地”草场。这时候选择草场不是根据自然条件来选择，而是根据生产成本来考虑。以西乌珠尔的牧民为例，80%的牧民放弃去传统夏营地，而是想办法多使用国有、集体草场。在西乌珠尔东边有一块集体草场，因为可以免费放牧，就成为牧民的夏营地。原先这块草场长势比较好，现在已经面临严重的退化。

目前，牧民对草场的使用不是基于“草场的承载力”来考虑，而是基于自己“资本的承载力”。在市场化因素进入牧区之后，单方面以“牧民拥有多少草场，可养了多少牲畜”来衡量其是否超载，已经没有多少意义了。如果一个牧民的资本足够大的话，他可以通过买草的方式来实现饲养更多的牲畜。例如，牧民张某有5000亩草场，按照当地的草场承载量（每只羊需要消耗8.8亩草场）计算，他只能养568只羊，但是事实上，他养了800只羊，多余的羊只有依靠买草的方式来饲养，如果资本不足，他就卖出多余的羊。在这种市场逻辑下，牧民们多半不需要关心草场的承载量，他只需要知道自己的成本和收益，对于草场生态的关注越来越少。牧民的生产行为逐渐由被动地适应整个市场环境到主动地适应市场环境，而非像传统游牧时代那样，主动地去适应变化的生态环境。

## （二）经济理性差异与牧民分化

在传统社会，牧民的经济理性是非常有限的。草原产出不多，生态具有脆弱性、多变性，牧民们深知不能对草原进行过度利用。在陈巴尔虎旗，牧草的生长期只有3个月（每年的6月至8月为生长期），有的草场生长期是两个半月，其余9个多月牧草是停止生长的。这样非常低的生物量积累决定了对其只能是轻度、适度利用或最好不利用，应当以充分发挥其生态环境效益为主，过度利用就会造成生态系统退化与各种环境灾难。

传统的游牧生产方式就是给了不同区域草原休养生息的机会，有节制地持续利用草地，很多地区的草原利用率每年只有50%—60%。若从现代经济学逻辑出发，游牧的生产方式不符合现代社会的“经济理性”。市场经济时期，人的欲望被空前激发，往往看不到有限资源的制约。过度地索取之后，草原生态破坏后，畜牧经济也难以持续，反而造成恶性循环。当人们的“经济理性”开始无限制地膨胀，希望从草原中赚取最多的钱，那么结果只能是生态破坏。

牧民在传统社会，“经济理性”并不是生活的核心，还有很多情感、传统的因素。但是这些因素在现代化浪潮中渐渐地消失，取而代之的是经济理性的统摄。在短短的十多年间，牧民被货币经济关系所包围，经济理性有所提高，开始重视市场交换中的利益。一个总的方向是推进牧民进入市场体系。牧民被从集体中分离出来，成为独立的经营主体，他们根据市场做出决策，政府也通过市场手段引导他们，外来的资本也同样诱惑他们，在这样的结构下，逐渐形成追逐利润的家庭牧场①。

① 王晓毅：《环境压力下的草原社区：内蒙古六个嘎查村的调查》，社会科学文献出版社2009年版，第82页。

首先来看陈巴尔虎旗牧户的平均年纯收入。根据访谈，30%左右的牧民年纯收入超过10万元；60%的牧民的年纯收入为5万元左右。为了验证访谈信息，笔者随机抽取51个牧户样本（见表4—1）。户均牲畜羊头数为432只，牛为34头。在432只羊里，以母羊300只来算，每年75%母羊繁殖，一年可收获200只羊羔，按2010年价格每只400元，共收入为8万。再加上养殖牛的收入，平均每个牧户养殖牛的收入（牛奶+牛犊）至少是5万元。在牛、羊总收入的基础上除去牧户经营费用支出、生产固定资产折旧等，牧户的平均纯收入在5万元左右。

**表4—1 陈巴尔虎旗呼和诺尔苏木牧户草场、牲畜头数情况（2011年）**

| 项目 | 家庭人口总数（人） | 家庭劳动力（人） | 草场面积（亩） | 牲畜羊数量（只） | 牲畜牛数量（头） |
|---|---|---|---|---|---|
| 均值 | 3 | 2 | 7129. 37 | 433 | 34 |
| 极小值 | 1 | 1 | 3193 | 0 | 0 |
| 极大值 | 6 | 4 | 15411 | 3350 | 160 |
| 标准差 | 0. 94 | 0. 713 | 2769. 539 | 567. 399 | 31. 278 |

资料来源：2009—2011年，在呼和诺尔苏木随机走访51个牧户的数据资料。

平均收入掩盖了一个事实，那就是牧民群体存在的分化。1949年前，牧区有牧主和牧工两个对立阶级，民主改革后的短时期内也出现过新牧主，作为合作制特殊形式的集体经济被草场承包取代后，草原上再度出现了普遍的两极分化①。在实际的调查中，笔者发现牧民自身的经济理性差异很大，根据经济理性的不同，牧民的牧业收益也存在很大的差异。就调查地的总体情况来看，牧区的富裕户为数不多，富裕户与低收入户、贫困户的收入有很大的悬殊。所以，牧民人均收入往往掩盖了牧区生活的贫困，掩盖着牧民贫困

① 杨思远：《巴音图嘎调查》，中国经济出版社2009年版。

率的上升。笔者根据牧民的经济理性和畜群数量，将调查区的牧民群体分为三类：大牧主、普通牧民和贫困户，就这类群体展开讨论。

表 4—2 陈巴尔虎旗西乌珠尔苏木牧民的分化（2009 年）

| 大小牲畜头数（只） | 西乌珠尔苏木嘎查的户数 | | |
|---|---|---|---|
| | 乌珠尔嘎查 | 希格登嘎查 | 萨如拉塔拉嘎查 |
| 1500 只以上 | 1 | 2 | 1 |
| 1000—1500 | 4 | 0 | 3 |
| 900—1000 | 3 | 0 | 2 |
| 700—900 | 14 | 6 | 8 |
| 600—700 | 8 | 3 | 7 |
| 500—600 | 9 | 4 | 4 |
| 400—500 | 4 | 5 | 7 |
| 300—400 | 6 | 9 | 11 |
| 200—300 | 4 | 4 | 11 |
| 150—200 | 1 | 3 | 1 |
| 100—150 | 4 | 4 | 1 |
| 50—100 | 7 | 3 | 4 |
| 50 以下 | 4 | 1 | 1 |
| 无畜 | 5 | 14 | 5 |
| 总计 | 74 | 55 | 68 |

资料来源：陈巴尔虎旗西乌珠尔政府机构，2011 年调查数据资料。

1. 大牧主

第一类牧民是大牧主，这些牧民成为市场化过程中的“赢家”，具有较强的经济观念，已经学会了如何扩大经营家庭牧业。他们不仅懂得积累、增加畜群，让自己的畜群成为市场的一部分，而且通过租赁、购买等方式，享用更多的草场，来获取更多的利润。但是这种“发家致富”的牧户并不多，通常一个嘎查 1—2 户，拥有牲畜 2000 只以上。

例如富裕的齐齐格家（化名），一家一共三口人，其中家庭劳动力2个，草场6135亩，拥有牲畜羊头数3350只，牛数量66头，永久性棚圈800平方米，蒙古包3个，移动板房2个，固定住房1个，圆捆机2个，机动车11个，打草机8个，搂草机4个，已经成为了一个很大的牧主，年收入高于50万元。常年雇用两户人家，一户人家给他们放牧；另一户人家给他们挤奶。在打草、接羔季节还需要雇用零工。牧主专门往外卖羊，有时候也会放高利贷。每到秋季，牧主把羊羔售出以后，就开始往外放高利贷。高利贷的收益再进行牧业的扩大生产，当地人称这样的牧主“很会过日子的人，有经济头脑，会赚钱”。

一位牧民告诉笔者，“这样的牧主就是因为钱而改变的”。他们和大多数牧民的观念还是不一样，他们生产生活就是为了赚更多的钱，“经济观念”非常强。这种牧民有着强烈的“资本主义精神”，提倡多饲养牲畜，通过购买贫困牧民的草场，扩大自己的牧场。他们也关心草场的环境问题，但是这里更多的是关心来年的“收成”，也可以说他们更多看重“资本”。

2. 多数普通牧户

第二类大多数普通牧民。这些牧民受到市场的影响，已经开始具备一些市场经济观念，经济理性有所提高，但是还是保留了一些传统的因素。在对待草原的态度上，他们更像是理性的“小牧”。一方面，他们知道如何更有效地将草原转化为金钱，降低自己的生存风险；另一方面，他们还处于转变中，经济理性并不是那么强烈，对待对草原还是有感情的，知道保护草原的重要性。

> 一位牧民谈到多数牧民的经济观念时，这样说道：“游牧民族不贪，心态是好的。老牧民经常说，‘过去养羊跟着草场走，不跟人的贪心走’，没有像汉族那样想要赚多少钱。游牧的生产方式利润是很低的。为什么利润很低呢？它主要是靠天吃饭，生计不稳定，生存是排在首位的。现在的政策和外地的

人总是给牧区带来了一种误导，要让我们牧民多赚钱。其实多数牧民还是宁愿草场好，哪怕少赚一点钱，要子孙后代都可以持续地利用草场。当然也不排除个别牧民很会赚钱，但是毕竟还是少数。”

在调查中，笔者也找过不少牧民聊天，发现他们的经济理性有限，生产生活不光是为了赚更多的钱，这和外来者的经济观念很不一样。多数牧民忙于生产生活就是为了家庭的开支，他们认为“不愁吃、不愁穿”就行了。多数老牧民经济观念淡薄，对于草原的保护观念强烈，他们认为“多赚钱”和“保护草原”之间是很矛盾的，因为草场的生产力太有限了，“在不能赚那么多钱的情况下，我们只能保护它”。但是也有一种情况是，年轻的一代对草场渐渐疏离，向往城市化的物质生活，他们的经济理性又比老一辈牧民强。

3. 贫困户

在牧区也有一部分牧民无法适应市场经济，成了贫困户。在这里有两种情形，一种情形是，牧民仅靠出售草场为生，买草场的收益用来整日酗酒，不适应现代化生活。这类牧民往往被商人、外来势力所支配、利用，在传统向现代过渡的社会结构成为“不适应的群体”。他们喜欢在冬天的时候把所有的积蓄都用完，如用来喝酒和狂欢。“酒”是调整传统与现代关系的“安全阀”，非现代化的民族接受现代化时，都要经过一种痛苦的转变。对于一些民族来说，转变意味着发展，而对于另一些民族而言，失去土地和资源后的“转变”，意味着文化断裂与生存危机[1]。

还有一种贫困户，就是80年代初期的富裕牧户，在市场化改革后成为了贫困户。这类牧户的比例还比较高，如一个嘎查70—

① 何群：《环境与小民族生存：鄂伦春文化的变迁》，社会科学文献出版社2006年版，第473页。

80户中占有10多户。这是一个很有意思的现象，他们对于市场化改革后的放牧模式、经济形态、合作方式等是难以适应的，逐渐衰弱下去了，由“富裕户”成为“贫困户”。

### （三）传统地方社区的瓦解过程

传统的牧区是由多个灵活而松散的牧团组成的。以清朝时期的游牧组织为例，那个时候已不再形成“古列延”式的大规模群体迁徙活动，转而以灵活多变的阿寅勒为基本的放牧模式。可以把“阿寅勒”这种团体结构看成是牧区的传统社区。它基于一定的亲属关系形成，有着共同的族群意识。牧民可以在特定的时节结合成一个牧户团体，可以在特定的时候分散开来，总是基于互惠原则结合。牧户分散而居，彼此之间的联系却是比较多的，信息传播较快，有着看似松散但实为密切的集体生活。

1949年以后，从互助组到人民公社的时期，虽然已经存在着国家对牧区的改造，但是国家对于牧区的传统还是有所保留。牧区推行的人民公社制度，把家庭劳动力变成公社社员，并分属于嘎查和公社，家庭的功能在一定程度上有所削弱，但是嘎查、公社的功能被客观地加强了。嘎查、公社可以说是社区再建的一个范本，社区的功能得到了强化。在人民公社时期，社员（牧户）常年都有社会交往，很多牧民回忆那是一段很有感情的集体化生活。可以把这段时期称为是社区的“再建”。

随着人民公社制度的解体，市场经济以来，牧区实施草畜双承包制度，牧民逐渐“定居”下来，形成家庭牧业经营。这是一个个原子化的牧户居住格局，嘎查、公社的社区的功能已经不同程度的削弱，社区的功能已经渐渐不存在了。牧区出现原子化的特征，这意味着牧民的行动单位以户为主，牧户成为主要的行动单元，嘎查、公社逐渐变成象征意义的符号。市场逻辑已经瓦解了传统意义上的交往模式，随之而来的是社区关系的疏远、信任感缺失等。

牧区出现原子化，意味着每个牧户需要独立面对市场。首先，牧户必须独立地承担越来越多的生产成本和与日俱增的环境风险。在传统社区，牧民们的生产成本很低，牧户之间形成了一套互助机制，依靠相互的支持度过灾年。同时国家也会给予支持，如在灾年时期政府出面调剂草场，牧户拥有很多社会支持。但是市场化的到来，草原资源商品化，牧户之间的互惠机制被市场交易、雇佣关系所替代，牧民需要付出更多的生产成本。现在多是中老年人在从事牧业生产，年轻人越来越向往城市的生活，不愿意从事牧业，很多牧户这样生产时必须雇工，雇工成本所占收入的比例越来越大。生产成本上升，导致牧民又必须向草原索取更多。

其次，牧民的生活成本也逐渐市场化，不得不踏进现代社会“消费的跑步机”。随着医疗、教育、住房等费用越来越高，牧民不得不进行“投入—产出”的经济效益的思考，不断地从草原获取资源、收益以满足现代社会的“高消费”，抵御未来的不确定性风险。一方面，牧民的意愿是希望草场生态环境更好，子孙后代持续利用草场；另一方面，他们也必须更多地关注现有的经济利益，将牲畜数量扩大到自然的临界限度以维持生计，所有的注意力从草原生态的维持转移开来。

牧区的原子化结构，还意味着牧民群体力量的削弱，很难抵抗破坏草场的经济行为。例如上文提到的偷挖药材的现象，外来者深夜进入牧民的草场挖药材，单个牧户是难以制止偷挖药材的行为，特别是一些单独居住的年老牧民，子女在城市工作、读书，草场面积大，他们难以管制这些破坏行为。还有一些牧民的草场被非法侵占，因为单个牧户的力量小，维权难。正如一位牧民描述现在的居住特征：“我们这里的牧民，不像一些有宗族势力的农区，他们要是有人受到侵害后，整村的人都会出动，总有亲朋好友会帮助他。我们这里的牧民现在居住得也太分散，都是各过各的，团结不起来了，没有什么凝聚力。”（2010 年 7 月访谈资料）

# 第五章 “对生态的重塑”：草原生态治理的困境

牧区在遭遇农耕化、市场化冲击之后，引发了一系列的环境问题。20 世纪 80 年代以来，北方主要草原区的产草量平均下降了 17.6%，产草量下降的幅度介于 10%—40%之间。90 年代初，中国北方草原退化面积约为 51%，到 90 年代末，退化面积发展到约 62%[①]，近几年草原退化、沙化的局势仍难以遏制。伴随着草原生态问题的持续加剧，国家也投入越来越多的人力、物力用于生态治理工程[②]。从 1978 年开始，国家先后启动了多项大型的生态治理工程，如“三北”防护林建设工程、退牧还草项目、重点公益林项目等。

目前，草原生态治理取得了一定的成绩，但仍然面临着一些问题。国家视角下的生态治理具有哪些特征？生态治理的地方实践过程是怎么样的？自上而下的生态治理过程中，国家政策、科学技术与地方性生态知识的关系是怎样的？又给草原生态带来什么样的影响？接下来本书通过描述陈巴尔虎旗的生态治理地方实践的图景，

① 李聪：《北方草原退化与生产力现状分析及对策》，《中国畜牧报》，2003 年第 3 期。

② 在本章中，用“草原生态治理”一词而不用“环境治理”源于“生态”与“环境”的差异。“生态”研究的是生物与他们环境的关系，因而人类也被包括在其中。而“环境”是人类与环境相区别而言的。国家实行的草原治理政策涉及了人的行为，不仅仅是环境的治理，因此用“生态治理”更为准确。

反思现有草原生态治理思路。

## 一 国家视角下的生态治理

### (一) 生态政策的主要内容

草原生态治理逐渐被国家层面所关注。1949年后，中央政府注意到草原生态问题，但当时各种政治热潮席卷社会，诸多生态建设停留在口号上，具体的生态保护项目并不多。改革开放以后，中央政府相继出台了草原生态治理政策、法规①，并启动了一些大型生态治理工程。2000年以后，国家发起更大规模的草原生态治理行动，瞄准“生态问题严重”的地区，试图用一种战略式的生态治理措施，加速“消灭”生态问题。国家实行的重大生态保护、治理项目主要有“三北”防护林建设工程、退牧还草项目、重点公益林项目等。采取的具体项目措施包括休牧禁牧、草畜平衡政策，防沙治沙政策，生态移民政策等。

休牧禁牧

2002年9月16日，国家颁布《国务院关于加强草原保护与建设的若干意见》，提出为了合理有效地利用草原，保护牧草的正常生长和繁殖，推行划区轮牧、休牧和禁牧制度。在春季牧草返青期和秋季牧草结实期实行季节性休牧；在生态脆弱区和草原退化严重的地区实行围封禁牧②。

---

① 80年代中后期以后国家相继颁布了草原环境法规政策，如1985年6月18日第六届全国人民代表大会常务委员会第十一次会议通过《中华人民共和国草原法》，1991年通过《水土保持法》，2001年通过《防沙治沙法》等。从1997年开始，党中央每年都在“两会”期间召开人口资源环境工作座谈会，并作出重大决策。这些法律的颁布标志了中国环境治理开始进入法制化的进程。

② 农业部草原监理中心：完善法律法规 严格禁牧休牧和草畜平衡制度 确保草原生态保护补助奖励政策实施效果。http：//www. grassland. gov. cn/Grassland - new/Item/2873. aspx（2011 - 04 - 02）。

草畜平衡政策

2005年1月7日农业部第二次常务会议审议通过《草畜平衡管理办法》，其中第三条指出草原实行草畜平衡政策，是指为保持草原生态系统良性循环，在一定时间内，草原使用者或承包经营者通过草原和其他途径获取的可利用饲草饲料总量与其饲养的牲畜所需的饲草饲料量保持动态平衡①。

植树种草和防沙治沙

目前国家已有大型项目在实行植树种草和防沙治沙政策，其中包括三北防护林建设工程、京津风沙源治理工程等。具体的沙化土地治理工作是，沙化土地所在地区的地方各级人民政府，应当按照防沙治沙规划，组织有关部门、单位和个人，因地制宜地采取人工造林种草、飞机播种造林种草、封沙育林育草和合理调配生态用水等措施，恢复和增加植被，治理已经沙化的土地②。

生态移民

在诸多生态治理政策中，生态移民可谓是政府投资力度最大的一项政策。近几年来，生态移民政策在内蒙古东中西部广泛实行。生态移民遵循着一个共通的原则就是，在禁牧、休牧时期草场需要围封禁止放牧。政府把牧民转移到其他地区安置，鼓励牧民向第二、第三产业转行，通常是舍饲定居放牧等。

总而言之，中国的生态治理和环境保护还只是初步阶段（从2000年起至今十多年时间）。中国政府积极引入大刀阔斧的生态治理，取得了一些成绩，如天然草原植被恢复与建设，退牧还草等工程取得了良好的生态效益，各级政府生态保护意识也有所加强，但是中国草原生态治理仍然存在不少问题。国家投入到产业结构调整和天然草地恢复的国土整治中的资金也越来越多，草地的生态环境

---

① 中华人民共和国农业部，草畜平衡管理办法。http：//www. grassland. gov. cn/Grassland—new/Item/319. aspx（2007－03－09）。

② 第九届全国人大常委会，中华人民共和国防沙治沙法。http：//www. grassland. gov. cn/Grassland—new/Item/314. aspx（2007－02－25）。

却得不到根本的缓解。不少地区背上了沉重的生态环境债务，生态治理之路任重道远。下面将从生态治理的机构设置和国家治理的特征两个方面来阐述草原生态治理的现状及主要问题。

### （二）生态治理的机构设置

草原生态治理的机构设置各地基本上是相似的，主要是由官方一套组织机构来执行。首先政府成为唯一的政策制定者，以政策直接干预的方式来保护草原生态环境。从国家农业部到省级或地市级人民政府草原行政主管部门，再到县级人民政府草原行政主管部门等都共同参与了政策的制定，整个政策制定的过程高度依赖科层体系，逐层下放责权，通过层级之间不断反馈来协调政策的适宜性。其次，在生态治理项目中，政府部门往往兼任项目的管理者与项目的承包者，甚至是项目的验收者。政府占据着主要的动员、管理与协调角色，其他社会力量并没有很好地参与进来。

在各类草原生态治理项目中，项目的管理者、承包者、验收者都“集权”于政府部门。其一，在项目管理责任制度中，旗长任项目第一责任人，然后层层签订责任状定期进行检查验收，同时，落实专业技术责任制。但实际中，旗长及各部门的管理职责并非如责任制文字上所规定的内容易于把握，具体的事务操作中很容易陷入形式化。其二，生态治理项目的承包者往往是当地的农牧局或是成立专门的项目办公室。如陈巴尔虎旗申请到天然草原保护与建设项目、退牧还草工程、“三北”防护林工程和农业综合开发等项目，分别由农牧局、林业局和财政局农业综合开发办公室三个部门负责具体的实施。其三，各类生态治理项目的验收工作依然由政府部门完成。如林业局实施的人工草地、饲草料基地项目结束后，工程的验收由林工站派出科技人员验收。整个生态治理项目很少发挥广大牧民群体的作用，牧民反而成为了被“治理”的对象。

县级政府部门承担生态治理项目后，往往将项目进一步分包。以陈巴尔虎旗“三北”防护林建设项目为例，县林业局将人工草地项目分配给具有专业资质的苗圃部门，苗圃部门再分配给单位职工或是其他私人来承包。承包项目者可称之为“包工头”，直接负责一线工人的招募与管理，具体的生产计划的制定，工作任务的分派，劳动过程的监督。务工人员多是当地的外来定居民，或是其他地区的招募工。项目机构设置、具体实施过程中，牧民们并未有效地参与进来，无权承担项目、设计项目、组织项目，生态治理工程往往演变成外来的“生态产业”。

可以把这样的生态治理群体看成是一种专业技术机构。第一，他们是一支组织化和制度化的技术人员队伍；第二，他们依托着代表“理性世界的”改造世界的生态治理技术科学技术知识系统；第三，因为有国家资金的支持和技术支撑，他们具有各种实践功能的工具、仪器设备、经营管理技巧和各种手段体系；第四，这样的组织机构在申请国家项目时有着复杂的社会关系网络，所谓的政治资源，构成了项目申请以及地方实践过程中关键的因素，一种权利和技术的结合体；第五，在这种组织结构中，所谓的“科技”也同金钱和权力一样，成为组织运作的基本媒介，“科技”成为组织的附庸，成为现代国家机器的工具。

### （三）国家治理的某些特征

现行的自上而下草原生态治理工程有两个背景。第一，国家在生态治理过程中占据了重要的位置，体现了现代性语境下国家规划和设计生态的本质。1949 年以来，中国社会得以高度地整合，民族认同等使得现代政治（契约）共同体得以形成，并具有立法保障①。而现代宪政的本质，如同法律预先被制定出来一样，在于它是理性设计的人工系统②。这种“理性的设计”不仅仅表现为人与

① 金观涛：《探索现代社会的起源》，社会科学文献出版社 2010 年版，第 28 页。

② 陈阿江：《次生焦虑：太湖流域水污染的社会解读》，中国社会科学出版社 2009 年版，第 163 页。

人之间的关系，也反映在人与自然的关系上，自然环境成为被设计的对象。国家的角色得到了强化，其自身强化的过程中逐渐消解了某些非正式的、实践的地方性知识。第二，国家已具备“重新规划和设计生态”的经济实力。近三十年来，中国经济发展迅速，中央一级的财政收入大幅度增加，财政为国家重新规划自然提供了必要的经济支持。

国家主导的生态治理模式具有其特定的优势，也存在一定的问题。从优势方面来说，国家可以在短时间内调动尽可能多的资源实现生态整治，一个高度整合的国家机器有助于完成大型的社会工程，这无疑是值得肯定的。从问题方面来说，单一的、自上而下的国家治理模式难以应付多变的、丰富的地方社会，必须有多种社会力量的参与，和有效的国家治理有机结合，才能实现更好的效益。

国家主导的草原生态治理思路具有如下特征：首先，国家管理基层社会的权力在提高，管理形式趋于统一化、标准化和清晰化，生态治理也容易进入简单化操作。斯科特认为，这种国家理性规划、设计社会秩序的思路是一种极端现代化意识形态的产物，他们特别相信，随着科学地掌握自然规律，人们可以理性地设计社会[①]。其实，这种重新规划社会的计划不仅具有高难度性，也会带来巨大的风险。它需要一种对基层社会极为了解，具有“完备理性设计能力”的机构，而在现实社会中，这样的组织机构往往只存在于“理想”中，高层机构和基层社会很难做到信息的完全交流。此外，中国社会各地区之间的发展不平衡，区域之间也存在较大的差异性，标准化、统一化的生态治理模式削弱了现实的可操作性，难以有效贯彻。在草原生态治理项目中，不乏简单化治理的例子：休牧禁牧的地块选择往往忽视了地方特殊的草场生态特征；“草畜平衡”的数值化管理难以平衡受市场力量控制的地方资源；

① 〔美〕詹姆斯·C. 斯科特：《国家的视角》，社会科学文献出版社 2004 年版，第 4 页。

“防沙治沙”等政策在基层社会运行时往往被简化为“植树种草”（下一节将详细介绍），这样的生态治理效果堪忧。

其次，生态政策在科层执行时表现出的项目主义倾向，更为关注环境治理过程中的“利益”。在草原的地方环境治理过程中，一方面，执行环境政策的政府部门具有牟利化的特征，开始成为利益行动的主体，以一种实用主义的态度来对待国家和上级政府的环境政策，这使得环境政策出现了诸多的不确定性。掌握地方权力的官员热衷于某些类型的生态治理项目，不仅符合他们的极端现代主义观点[①]，而且也回应了他们作为官员的政治利益，生态治理朝“利益”看齐，导致了治理的效果有所削弱。另一方面，生态治理成为政府部门主导下的一种产业，这表明它是和其他生产经销任何商品没有什么差别的产业。诸多的生态治理项目进入牧区，每个项目都配套了大量资金，聘请科学技术专家系统来设计，在短时间内完成项目指标，形成了一整套的生态项目经济、产业。生态治理的利益也被层层地瓜分，逐渐变成了一场利益的争夺，这使得生态保护更多地是“向钱看”，而不是“向生态看”。

最后，草原生态治理政策的执行过程中具有一定的“农耕思维”。目前国家视角下的草原生态治理已经取得了一定的成效，但是治理过程中曾走过不少弯路，其中就有对于“草”、“游牧”的认识不足而导致生态治理失败。中国立国向来以贫农及小自耕农的立场为依据，旧式农耕思维的习惯及结构成为草原牧区行政的基础。这种农耕思维潜藏在“深层意识”里，对牧区政策制定和执行起到了潜移默化的作用。比如在草原生态建设中，农耕思维提倡“植树”，认为种草优于种树，“绿化祖国”，“抵抗沙尘暴”第一想到的就是“造林”，和游牧思维中对“草”的提倡与珍爱形成强

① 詹姆斯·C. 斯科特把一些改善人类状况的项目归结为极端现代化意识形态的产物，他认为国家对发起后社会工程有着一种强烈而固执的自信，他们对科学和技术进步、生产能力的扩张以及对自然（包括人类社会）的掌握有很强烈的信心。这种意识形态产生于西方，是前所未有的科学和工业进步的副产品。

烈反差。由于农耕思维的惯性作用，从 1978 年三北防护林工程开始，整个草原的治理思路是以造林为主，对不同的类型的沙漠化土地笼统地以植树造林一以贯之，忽视了沙漠化的成因和过程，以及造林所需的自然生态条件。事实上，对于内蒙古大多数草原地区来说，草的生态功能是很明显的，用广泛的草原来抵制沙尘暴是古老的而又符合生态规律的做法。不仅如此，国家的生态治理工程总体上是直接推动牧区向“农耕化”发展，传统的游牧活动被限制或禁止，牧民在“休牧、禁牧、生态移民”等政策中转向新的养殖业，类似于农区的圈养模式，引发了后续的环境问题。

## 二　生态治理的地方实践

以陈巴尔虎旗的生态治理为例，说明国家生态制度、政策在地方践行时的某些不契合性。近年来陈巴尔虎旗草原退化的速度非常之快，据 2004 年第三次荒漠化和沙化土地检测结果，陈巴尔虎旗的沙化土地占全旗土地面积的 18.7%；占呼伦贝尔市沙化土地面积的 14.4%；占内蒙古自治区沙化土地面积的 0.9%。草场退化速率逐年提高，已成为全国沙化土地重点沙区旗县之一。伴随而来的是大量的生态治理项目在陈巴尔虎旗内进行。陈巴尔虎旗采取了休牧、禁牧、生态移民、植树种草治沙等多种草原生态治理措施局部草原暂时得到了治理，但草场总体仍在退化、沙化。生态政策/项目的效果值得反思。

### （一）难奏效的“草畜平衡”

中央出台的“草畜平衡”政策，为的是控制牲畜数量，缓解草原压力。但在实际的操作中，有关部门将“以草定畜”简单化地操作。“草畜平衡”政策是试图通过数值来衡量草场是否超载，这种衡量方式和实际情况并不相符。一是平均的载畜量数值难以适应草原这一非平衡的生态系统；二是“数量上的超载”并不能解释草原退化原因。"草"更多受到市场调节，成为商品被过度使用。

草原载畜量标准是"国家各级相关部门根据草原的类型、生产能力、牲畜可采食比例等基本情况，结合草原使用者或承包经营者所使用的天然草原、人工草地和饲草饲料基地前五年平均生产能力，核定草原载畜量，明确草原使用者或承包经营者的牲畜饲养量"①。在实际操作过程中，这种平衡标准很难对牧区的实际情况作出判断。草原生产力时空变化大，在一些灾年，数据往往会出现和平常截然不同的波动，"平均生产能力"的数值计算，并不能适应牧区非平衡的草原生态特征。例如陈巴尔虎旗2006年草场生产力为130公斤/亩，2007年草场亩产则是35公斤/亩，草场生产力极不稳定。其次，"数量上的超载过牧"判断太过简化，不能真正解释草场退化的原因。目前，草场退化很大程度上与没有节制地打草②、牲畜比例失调、放牧半径缩短，牲畜反复践踏草地等因素有关。草畜平衡政策应该是一项复杂的、系统的工程，仅仅依靠数值判断是不够的。

不仅如此，在现实生活中，载畜量的控制更多受到市场的影响，现行的草畜平衡政策实施效果并不明显。草畜平衡政策规定每亩草场所饲养牲畜数量，但实际情况是，如果一个地区的牲畜头数过多，可以从其他地区购买饲草来维持牲畜，因此，在理论上这个地区似乎是"超载"的，但其实它是有外来资源补给的。如果整个地区的饲草紧张，难以维系多余的牲畜，牧民们就会纷纷出售牲畜，牲畜数量又会锐减。如在一些年份中，陈巴尔虎旗从其他地区输入的草资源大约支撑了本地区1/4的牲畜，这在灾年更为普遍。

---

① 农业部草原监理中心，完善法律法规，严格禁牧休牧和草畜平衡制度，确保草原生态保护补助奖励政策实施效果。http：//www. grassland. gov. cn/Grassland - new/Item/2873. aspx（2011 - 04 - 02）。

② 大面积地打草，料草连同草籽被转移到其他地区，打破了牧区生态系统的循环，导致了牧区资源的流失。

那么，如何定义旗内的“过牧”现象？草原的产出有限，任何地区牲畜头数也不可能过多。由此来看，牲畜数量更多依赖市场体系，简单的草畜平衡政策似乎很难“奏效”。市场规则告诉我们，判断一个地区“是否超载”似乎失去了意义。普遍存在的现象是绝大多数草原都已经进入市场体系，草资源在各个地区流通，被最大限度地开采，濒临草原的生态警戒值。草原生态问题的主要原因是草原资源是被最大限度地、不合理地利用，没有留有生态修复地带造成的。

### （二）新一轮的“圈地运动”①

在诸多草原生态治理过程中，一个很重要的特征就是“项目主义”倾向，把草原治理简单化或等同为做项目。以休牧禁牧方案为例，常出现各个部门争相“圈地”治理，争取确立项目，偏离了真正环境保护的目的。各种休牧禁牧项目仅成为地方部门创收和政绩的来源。

由于草原退化现象日益严重，陈巴尔虎旗的不同部门争相在草场上用网围栏“圈地”休牧禁牧，草原被各种治理项目分割成大小不一的“势力范围”。比如旗内中南部的草原，普遍生长着黄柳（当地牧民称为“柳条子”）。林业部门和农业部门为了争取项目收益，围绕“黄柳”是属于林地还是草地展开了争执。林业部门认为黄柳属于林地，应实行国家天然林保护工程，把黄柳地的草场全部实行休牧、禁牧。而农业部门则把这些灌木草地规划为退化中的草场，想在草原内实行“退牧还草”②。双方争执之后，林业局成

① 这里所指的“圈地运动”是一种形象的比喻。休牧、禁牧方式就是将草场用网围栏圈起来，草原被分成大小不等的块状结构。

② 从生态学的分类来说，乔木、灌木、草地属于独立的类别，灌木不必归属于林地或者草地。但是在实际的生态治理过程中，灌木属于什么类别直接影响到管辖权属于哪个部门。林地管辖权在林业部门，草原的管辖权属于农业部门。不同的部门在争夺灌木的管辖权，就是为了申请到的国家项目，获取利益。

功立项，实行林权改革培育国有林地的项目。陈巴尔虎旗中南部草原开始大面积实行休牧、禁牧，被网围栏圈上的灌木丛就变成了国有林，进行休牧、禁牧。

"圈地运动"下的休牧、禁牧给草原带来了一定的负面影响。问题主要集中在两个方面。首先，休牧、禁牧都是把草原围起来，排除了一切放牧行为，反而不利于草原再生能力的恢复。在过去，草原已经形成了几千年的放牧史，适度放牧可以使草场保持较高的物种多样性，促进草地景观物质和养分的良性循环，因此放牧也可以作为一种管理草场、提高物种多样性和草场生产力的有效手段①。适度放牧主要有以下几个方面的功能：一是在正常情况下，畜群对牧草的采食有助于刺激牧草的生长②；二是牲畜适当践踏有助于草原种子的传播和生长③；三是牲畜粪便是牧草生长最好的有机肥料。牲畜的排泄物返回草地直接加速氮循环，而且家畜的排泄物常常携带植物种子，并在草地上形成营养斑，促进植物生长等④。

其次，在休牧、禁牧实施过程中，牧民和国家政策有了很大的冲突。当地黄柳灌木多是零散分布，生长在湖边、河边等多处地方，一旦实行休牧、禁牧，大部分草场都要被圈起来，将会有大量的牧民无法放牧。政策出台以后，当地牧民表示反对，草场是牧民赖以生存的地方，休牧、禁牧使牧民生计难以维持。当地政府表示难以协调林业局和当地牧民之间的矛盾。虽然国家的政策是为了保护生态、保护草原，但是对于纯牧业的地区，这种政策是非常不适合的，会起到适得其反的效果。为了保护草原而实施的休牧、禁牧项目，进一步挤压了牧民的草场，反而加剧了过度放牧现象。一些牧民的草场几乎都被划分为天然公益林，如果他们继续养畜，则更

---

① 肖笃宁：《景观生态学》，科学出版社2003年版。

② 达林太：《蒙古高原生态脆弱性与人地关系的研究》，远方出版社2009年版。

③ 葛根高娃：《关于内蒙古牧区生态移民政策的探讨：以锡林郭勒盟苏尼特右旗生态移民为例》，《学习与探索》，2006年第3期。

④ 侯扶江、杨中艺：《放牧对草地的作用》，《生态学报》，2006年第1期。

多地需要通过打草、买草料，修建棚圈等活动，畜牧业生产成本增加，对草原的需求更多，草原压力加剧，陷入恶性循环。

### （三）被建构的“生态移民”

陈巴尔虎旗境内有一条沙带（沙地），近年来呈扩大的趋势，当地政府为了保护草原生态环境，借着国家“生态移民”政策，对部分牧民实行搬迁。以呼和诺尔苏木为例，该苏木近60%的草场沙化，苏木内200—300户牧民面临着集体搬迁。2010年政府建设生态移民小区，项目建设总投资1053万元。政策鼓励牧民实行转产，迁移至小区内发展奶牛业，以缓解草场压力。为了保障牧民的基本收入，镇、嘎查协调金融部门，提供贷款购买高产奶牛，发展奶牛业，目前移民小区共有奶牛150余头，其中高产奶牛80余头，平均每户已购买两头高产牛。

在移民小区内，牧民们并没有完全转产养奶牛，在草场上放养牲畜的方式还在延续。对于多数牧户来说，两头高产牛还不足以维持一个四口之家的牧户生产生活所需，因此，牧民的生计方式至少分为两个方面：一是圈养奶牛，主要由牧户中的老人和照看孩子的妇女们负责；二是多数牧户依然住在草原上的蒙古包内，定居轮牧。牧民没有实现真正的“生态移民”，这只是一个被建构的名称。“移民小区”经常被空置，只留下少数老人、妇女、孩子在移民小区内居住，多数牧民只是偶尔在小区内休息、娱乐等。

政府鼓励、帮助牧民转产以缓解草场的压力，牧民的放牧行为表面上受到了生态政策的制约，但他们还是可以通过其他方式使用草场，草场的生态压力没有得到根本缓解。例如呼和诺尔苏木牧民将自己的羊群寄养到其他苏木、嘎查中，或是将畜群转移到公共草场上。当饲草不够时，就向其他地区购买饲草。随着打草的费用越来越高，牧民们资本不足，不能仅依靠打草的方式养畜，主要是将畜群转移到公共草场上。这就意味着，除了休牧和禁牧的草场之外，其他的草场依然被牧民过度利用，不合理地打草和过度放牧的现象没有被根本遏制住。

### （四）低效率的“植树种草”

陈巴尔虎旗境内还有一项生态治理措施——“植树种草”。草场面临的主要问题是大面积草场退化，沙地草场的扩大，但是整个植树种草措施仅仅围绕一条沙带（沙地）来治理。近来的生态治理似乎有些“谈沙色变”，很多自然形成的沙地被贴错了“标签”，正被盲目地植树种草。草原生态治理简化为选择当地的沙地治理，将沙地看成是“生态自然问题最严重”的地方（见图5—1）。技术工程类的生态治理很少考虑沙带的成因，不了解在草原上沙地的特殊生态功能，对草原生态问题的原因不加分析就匆匆治理。陈巴尔虎旗的沙带特殊性、复杂性在于，它很大程度上是自然形成的，是草原四季游牧机制中一块“特殊”的草场，具有生态功能（下文将详述）。目前一些“植树种草”项目在沙地附近“大刀阔斧”地进行，忽视牧区复杂而丰富的地方性生态知识。

以旗境内的呼和诺尔苏木沙化治理过程为例。呼和诺尔苏木境内有一些古河道遗留下的沙地、沙坝，在漫长的历史过程中形成了固定沙丘以及沙地植被景观。现行的生态治理工程误把这部分自然形成的沙带当成“草原沙化问题”进行治理，而大部分正被过度、不合理利用的牧场却没有得到合适的“治理”。自然形成的沙地和人为造成的沙地有着质的区别①。自然形成的沙地具有重要的生态功能，是草原的种子库，如果排除人类的不当干扰，大自然完全有

① 关于陈巴尔虎旗境内的沙带存在着很多的争议，笔者也询问了很多次才确定结论。一些人群（持这一观点的基本上是不了解牧区，在牧区居住时间较短）认为需要“治理”，植树种草是治理之道。但是“年年种树年年死”的局面已经证实了沙地不适宜“植树种草”。相反，地方生态精英（熟知当地的老牧民、一些“长袍蒙古族”工作人员等）则认为沙地已经存在至少上千年了，是自然形成的沙带，这样的沙带是不需要去治理的。合理地利用大面积的草场，沙带的范围会自然而然地缩小。关于沙带是自然形成的还是人为造成的？笔者收集到一张清朝时期的呼伦贝尔手绘图加以证实（图5—2）。图中清楚地表明，该地区在清朝时期就存在沙带了，只是那个时期的沙带面积比现在要小一些。

自我修复的可能性。对于自然形成的沙地，不是一个“治理”的问题，而是如何恢复天然的草地植被、沙地景观的问题。

目前的地方生态治理措施并没有区分“沙地”的成因，采取的是“一刀切”的简单式做法，错误地治理沙地。治沙队设计了乔灌木、草多层次的防风林（已经模式化）。种树以樟子松为主，实行人工浇水，这些树木一旦离开了监护，就难逃死亡的命运。从2005年开始到2011年，治沙队已经在沙地上种过多次树木，树木成活率不高于30%。基本是“第一年种树，第二年死一片”的局面，有的年份将近90%的樟子松死亡。在陈巴尔虎旗中、西部草原，降水量不足300毫米，且年均降水量不均匀，常绿的樟子松本来就很难存活[①]。盲目地提倡“植树”，陷入了“年年种树，年年死”的困境。

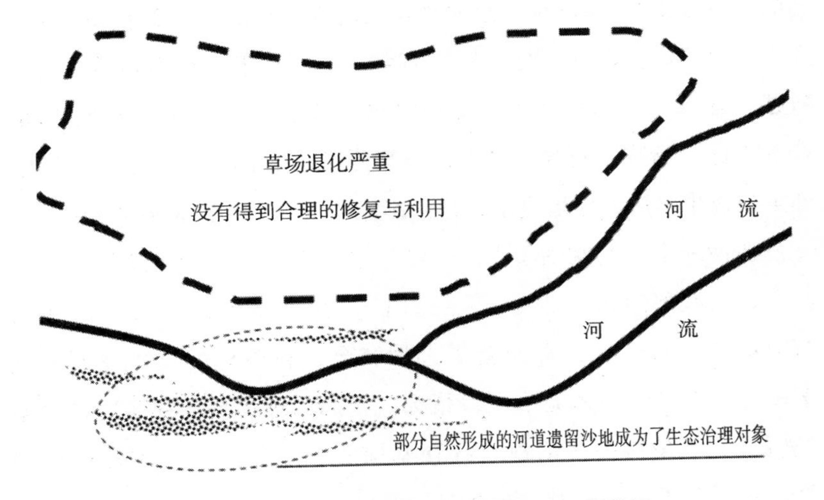


**图5—1　陈巴尔虎旗草原沙化治理工程范围**

① 要在内蒙古绝大多数地区通过造林来解决草原生态问题是不可能的，即使是种植灌木，在内蒙古很多地区也是不现实的。内蒙古绝大多数地区温度、风、降水量等自然条件因素决定乔木无法生长（在内蒙古地区发现杨树等少数树种可以适应，但是需要持续的灌水，否则也难以为继）。在干旱和半干旱地区大面积造林不但不能帮助水土保持，防风固沙，反而会加剧消耗干旱区的水资源，造成水资源短缺，甚至形成“绿色沙漠”。自古以来，牧区的绝大多数地区是天然生长草的地方，草的覆盖是最好的防风沙的武器。

此外，这样的生态治理所花费的费用也是不可持续的。笔者跟随治沙队在沙地里植树种草，看着治沙队成员们辛辛苦苦花了近半年的时间，只治理了 1 万亩草地，平均下来每年每亩治理费用需要 200 元。按照第四次中国荒漠化和沙化状况公报，截至 2009 年底，我国荒漠化土地面积为 262.37 万平方公里，沙化土地面积为 173.11 万平方公里。以每年每亩治沙费用为 200 元计算，国家真要治理所有的荒漠化土地每年需要花费 7871.1 亿，治理所有的沙化土地每年需要花费 5200 亿。且不考虑草原生态是否能适应这样的治理方式，光从治理费用来看也是行不通的，治理费用远远超过了牧业收益，花费巨大且低效。

不仅如此，治理好的沙地又缺少监管，治沙项目成为“周而复始的项目收益”。治沙项目按照规定的时间结束后，匆匆收场，由于人力物力不足，难以实行严格的监管。随着外来户在本地养牛的人数越来越多，当公共草场不够的时候，就会想去占用治沙地草场。普遍存在“偷牧”行为。夏天，辛辛苦苦地在治沙地上治理。冬天，外来户放牛羊进入沙地吃草，把生态脆弱的草地又践踏成了沙地。

在沙地上“植树种草”，已经形成了的一整套生态项目经济、产业，一些部门在过去是“冷衙门”，在生态治理阶段一跃成为“热部门”。每个项目都配套了大量资金，聘请科学技术专家系统来设计，在短时间内完成项目指标。生态治理项目的根本驱动力是“利益”，这使得很多治沙工程在基层实行时偏离了治理环境的初衷，并耗费了巨大的社会成本。

## 三　地方性知识的消解

基层的大量事实表明，生态治理完全依赖一个外部设计的治理模式——科学理性地设计自然，对地方性生态知识所知甚少。被设计或规划出来的自然社会秩序只是一张简单的图解，经常会忽略真实而复杂的社会秩序。案例中，地方性生态知识往往是被看成

“不科学的”，而并不被采用。专业技术群体掌握了主导话语权，并对地方性知识进行排斥。

### （一）相关的地方性知识

可以说，旗内大面积“沙地”的存在使得“草畜平衡”、“休牧禁牧”、“生态移民”、“植树种草”等措施有了“现实依据”，各项生态治理工程似乎“迫在眉睫”。但是，旗内的“沙地”（当地居民叫“沙陀子”）到底是“自然形成的，还是人为造成的?”存在很大的争议。在国家的眼中“沙地”是需要治理的，是“眼中钉”，在大面积的草场上显得极为不容；在当地一些牧民的眼中自然形成的“沙地”并不一定需要治理，是传统四季游牧中的“特殊地”，具有特定的生态功能。

#### 1. 沙陀子的成因与生态功能

关于陈巴尔虎旗的沙地的来由，老牧民告诉笔者沙地已经存在上千年了，并不是近几年才形成的。牧民们世代口头相传关于沙陀子的来由：“远在冰河时期，呼伦贝尔地区布满河流、泉眼。现在沙带东部的一个制高点，有一个很大的泉眼，泉眼里的水自东向西流，形成了一条约70公里的河流。后来河流突然干涸了，就不再冒水了，河底就露出来了。在河底上还生长了一些沙地植物。也就是说如今的沙带很大程度上是自然形成的，就是原先的河底。”（2011年访谈资料整理）为了证实这一说法，笔者翻阅1823年绘制的满文呼伦贝尔地图（见图5—2），在今完工至赫尔洪德一带，确实存在一片沙地，沙地并不是近几年形成的。近些年来，大范围内过度放牧造成的草原退化、沙化是普遍存在的问题，但是和这条沙带的关系不大，沙带被贴错了“标签”，被错误地治理着。

沙地其实是古河道遗留下的，在特定的地势处形成固定沙丘。沙带呈西北—东南走向，主要沿河岸分布，与风向平行。沙带延伸长度70公里，东段宽3～5公里，西段哈日干图一带最宽达35公里。这些沙带主要是由固定、半固定沙丘组成，少有流动沙丘。

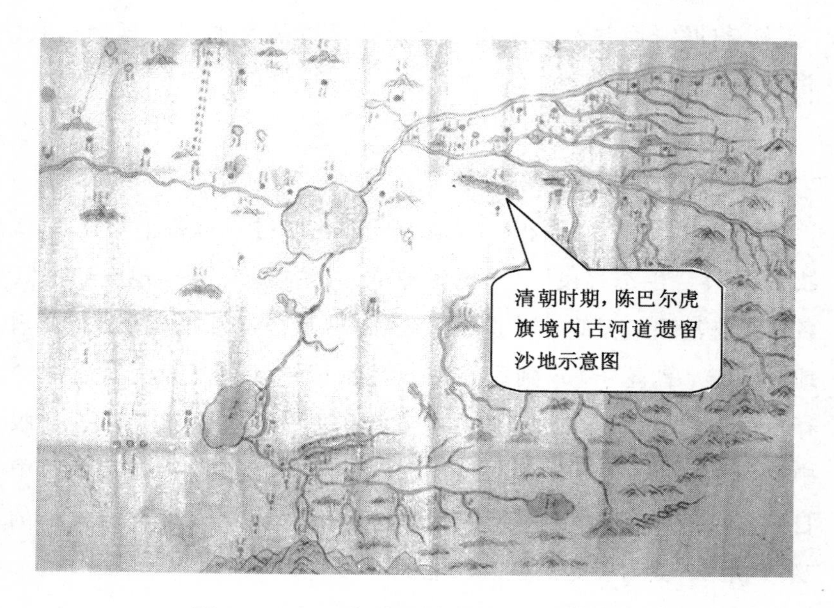


**图 5—2 1823 年绘制的满文呼伦贝尔地图**

资料来源：《巴尔虎蒙古史》第 5 页插图，内蒙古：内蒙古人民出版社，2004 年。

需要注意的是，沙地和内蒙古自秦汉到 1949 年后大跃进不断开垦草原形成的“人造沙地”也是不一样的，它是自然形成的。草畜承包制度以后，过度超载导致沙地扩大，这部分扩大的沙地是需要恢复的。但是不分实际情况，将所有的沙地都进行统一的治理，“病急乱投医”只会加剧沙地的破坏。

随着近代以来，人为因素也确实是扩大了沙地的面积。在一些年份，一旦降雨量少，加上人为的破坏，容易加速沙地的扩张。根据陈巴尔虎旗县志，1897—1945 年，陈巴尔虎旗森林资源先后遭沙俄、日本侵略者掠夺性砍伐，森林面积降至 628 万亩，森林覆盖率在 5.9% 以下①。当地居民流传着这样一种说法，1949 年前，一些沙陀子上长满了樟子松，后来在日伪时期，因为修铁路，在地势

① 陈巴尔虎旗编纂委员会：《陈巴尔虎旗旗志》，内蒙古文化出版社 1998 年版，第 208 页。

不平的那块草地上被砍伐了很多树木，导致那片樟子松林成为了沙地。对于脆弱的草地来说，在沙陀子上生长了几千年的树木，一旦砍去，需要很长的时间去修复它。

50年代以来，外地人口的增加也加剧了沙地的破坏。1946—1961年，陈巴尔虎旗对各村屯伐木未作出具体规定，不管树木成幼、大小皆伐，致使部分地区的林地面积急剧减少。在这个时候，因为工作调动、分配录用、下乡知识青年、投亲靠友、婚姻等原因，苏木内有一些汉族人口迁入，对沙陀子继续破坏性利用。当地沙地看守员这样说道：“以前这里的沙陀子都是山丁子树，后来被人为破坏得什么都没有了。全是农区来的人干的，他们全用山丁子树烧柴啊。”此外，90年代草畜承包制度实施以后，牧民和当地居民的饲养牲畜数量大大增加，过牧也进一步威胁到沙地，牲畜过于频繁地采食沙地的植被，又进一步加速了沙地的破坏。

除去上述人为造成的沙地，自然形成的“沙陀子”却是有着特殊的生态功能，现有的治理过程反而干扰了“沙陀子”的自我演变过程。关于“沙陀子”的生态功能，生活在当地的牧民告诉笔者很不一样的图景，这是作为一个外地人所不能了解到的丰富的地方性生态知识。

> “沙陀子很多是不会流动的，这类沙陀子的沙粒大，只要你不去破坏它，它对周边的草场没有影响，它已经存在几千年了。外面来治沙的人误解了，在他们的印象中，沙陀子很可怕，都是沙子，其实不是这样的。
>
> 沙陀子是很重要的种子库。我们这里的沙陀子上有很多植物，至少有70多种草，很依稀地附在沙陀子上。这些植被形成了一个生态群落，它们把沙陀子当作自己的种子库。种子库就和国家的储备粮库一样的，沙陀子能保护好这些种子。遇到了合适的温度和湿度，种子就会生长成植物，遇到年景不好的，如的话，这些种子就不会生长。沙陀子很干燥，它能保护

好这些种子。

沙陀子和我们这里的传统五畜形成了良性互动的‘生态圈’。在过去，每年秋后，五畜（包括马、牛、羊、骆驼）必须吃一些沙陀子上的植被。牲畜爱吃，这是它们的一种饮食习惯。每种牲畜吃的草不同，在吃草的同时，又帮助草上的种子抖落了下来，或被牲畜踩埋进沙陀子里。种子再等待时机继续生长，等待的时间很长，有时是一两年，有时是四五年。

生态保护这块，外面的领导是不懂这些基本的东西，而且他们也不下去了解，就知道围封育林，休牧禁牧。你要是围封育林，还不如不育林呢。牛羊进不去了，那里的草原、灌木反而生长不好。生态恢复，得靠它自己啊。

沙陀子根本就不用去治理，现在的治理思路都是有问题的。毛主席讲的‘人定胜天’是这么回事吗？以前我们不敢说，但是我们心底想说，天是可以‘胜’的吗？人的力量是很渺小的，顺应自然才是对的。过去的游牧就是顺应自然，这是老祖辈留下来的好传统，还是这个东西管用。”（2010—2011年访谈资料）

牧民的话里包含着两层意思，其一，自然形成的沙陀子是自我演变的过程；其二，它具有重要的生态功能。自然形成的沙地和沙漠有着本质的区别，沙地并不是“死亡之地”，而是包含了相对丰富的物种和生命。在沙地上生长的植物种类均高于沙漠和相邻的草原。沙陀子有个非常重要的功能就是草原的种子库。陈巴尔虎旗90%的沙陀子是固定和半固定沙地；10%是流动沙地和半流动沙地。据一项调查表明，呼伦贝尔草地四种风蚀沙化土壤：固定沙地、半固定沙地、半流动沙地都含有较为丰富的种子数①。沙地的种子类别和数

① 吕世海、卢欣石、曹帮华：《呼伦贝尔草地风蚀沙化地土壤种子库多样性研究》，《中国草地》，2005年第3期。

量较为丰富。相比之下，自上而下的“植树种草”工程只是种植了几种草籽（见表5—1和表5—2），无法与大自然的自我恢复能力相比。

如果人为不去过度、不当地干扰自然，大自然是有很强的自我修复能力的。土壤种子库（沙地种子库）是正在恢复的植物群落的重要种子来源，需要当地的牲畜适当地进入，循环利用、帮助传播。只要降水量、温度、风向等适宜，这些沙陀子是可以自我恢复植被的。“植树种草”、“休牧禁牧”等措施只是暂时的“装饰”而已，与真正的生态保护目标是有所偏离。

**表5—1 不同沙化阶段土壤种子库组成中之物分科特征（2005年）**

| 沙化阶段 | 禾本科 | 藜科 | 豆科 | 菊科 | 其他科 | 总数 | |
|---|---|---|---|---|---|---|---|
| | | | | | | 种 | 降幅 |
| 固定沙地 | 7 | 6 | 6 | 4 | 7 | 30 | 0 |
| 半固定沙地 | 7 | 6 | 6 | 4 | 9 | 32 | -6.7 |
| 半流动沙地 | 6 | 5 | 5 | 3 | 7 | 26 | 13.3 |
| 流动沙地 | 5 | 4 | 0 | 2 | 3 | 14 | 53.3 |

资料来源：吕世海、卢欣石、曹帮华，《呼伦贝尔草地风蚀沙化地土壤种子库多样性研究》，《中国草地》，2005年第3期。

**表5—2 陈巴尔虎旗境内实施的防护林工程造林种草种子表格（2010年）**

| 造林种草方案（不分沙地类别） | 苗木（名称/类别数） | 种子（名称/类别数） | 总数 |
|---|---|---|---|
| 方案一 | 樟子松/1 | 小叶锦鸡儿、大麦、草籽/3 | 4 |
| 方案二 | 樟子松/1 | 小叶锦鸡儿、大麦、草籽、冰草、燕麦/5 | 6 |

资料来源：陈巴尔虎旗林业局，2010年调查资料。

### 2. 四季游牧中朴素的生态知识

从关于沙陀子的成因与生态功能的地方话语中可以看到，社区内的地方知识与生态智慧和国家自上而下的生态治理模式发生了巨大的偏差，从新的中国成立以后“人定胜天”的思想，到如今的生态项目经济时期，国家的生态治理策略都包含了一种“理性地设计”自然的思想，忽视了地方生态的运行逻辑，社区内传统的游牧知识、生态智慧没有受到重视。

其实，传统游牧蕴含了丰富的自然恢复的思想。游牧民通过四季转场，给予每个季节的草场休养生息、自然恢复的机会。通过游牧方式不断调整放牧压力和牧草资源的时空分配，以适应由气候因子控制的非平衡生态系统内在规律，使大范围的草地得到了合理利用，既保护了草原生态系统，又避免了自然灾害对畜牧业的毁灭性危害。四季游牧机制除了有自然修复草场的功能外，还具有防治鼠害作用。游牧总是会“闲置”部分草场，先不利用，让它休养生息。这部分草场的草长得很高，鼠类就不便活动，还可以控制鼠类数量。近几年大面积草场过度放牧，牧草的高度和覆盖率下降，植被矮化和稀疏使得鼠类迅速繁殖，使得牧区鼠害特别严重。关于游牧的生态保护功能难以全部列举。

如果短期内超载，要改善草原生态，简单有效的做法是，充分给予草原休养生息的机会，牧草的生长量会逐步增加，并恢复到被破坏前的水平。但是，如果长期超载，则可能从根本上破坏草地的自我恢复能力，并导致载畜能力下降，进入承载力降低—长期超载—草原承载力进一步降低—牲畜头数被迫减少的恶性循环，草原生态恢复可能性较低。

### （二）专业技术群体与地方性知识排斥

组织机构执行生态治理项目，一方面，作为国家的代言人，他们享有国家赋予的治理权力；另一方面，他们作为一个部门也有自身的利益诉求。项目带有的简单化、牟利化等特征，经常与当地丰富多样的生态和社区产生冲突。部门人员尽管可以完成好的项目，但是这并不意味着是真正实行保护生态的目的。在陈巴尔虎旗，几乎所有的项目都呈现出短期化特征，项目治理完匆匆验收，很多树木、灌木、草场在第二年又遇到新的问题，大量的乔灌木因为水资源不足而死亡。项目的短期化特征还表现在对治理区域的管理的缺乏，没有管理的治沙区又很容易再次被破坏，生态治理走不出“边治理边破坏”的恶性循环。

从草原生态治理的过程中可以看出，国家政策和一整套官方的科学技术体系享有了主导的话语权，各种生态治理主要是通过项目来实现，而属于地方性的生态知识话语处于边缘地位。新中国成立后一系列制度设计都在一定程度上改造，重塑了牧区传统和规范，在寻求生态治理和解决问题的同时，当地丰富的地方性知识又被排除在外。

在调查地，地方居民的生态知识备受排挤。现代化知识系统对原住民社群文化生活的冲击，使得原居民的知识体系被取代，只剩下科学家或工程师的答案。现代科技的专家知识系统，本身并不是问题，但是这种知识只是众多知识系统中的一种。目前的问题是这种现代科技知识系统往往要取代其他地方性的知识系统，外来的制度安排替代了传统的生态智慧。在生态治理过程中，如果把农民或原住民的文化社群生活，仅仅约化为纯技术性的问题，不考虑地方复杂、丰富的情况，这样的知识垄断方式必将带来更多的问题。

> 案例1：居民张某是西乌珠尔的老住户，已经在当地生活了二十多年。他提议把当地的某块沙地重新种上山丁子树（之前这块沙地就是长满了山丁子树木，后来被人为砍伐），不仅可以控制住沙地，也可以获得良好的收益。但是这一提议并没有得到重视，生态治理项目部门认为这一做法是“不科学的”、“不规范的”，必须由资质认证机构来进行治理。林业局下派的治沙队才享有治理的责任。治沙队统一把沙地改造成樟子松地。从2002—2011年，沙地经历了近10年的治理，都未成功。樟子松经历了“年年种、年年死”的局面。

从张某的案例中可以看出，当地的生态治理项目并没有发挥合理的市场机制和公众参与的作用，完全是相关机构全权干预的结果。这种生态治理组织，不仅代表了合法化的技术队伍，也是一种行政体系，可统称为专业技术体系，正是这一群体使得地方性的本土生态知识被边缘化和去合法化。

在处理本地的具体事务上，本地的知识体系应该具有更多的话语权，普世性的科学在对待具体问题上并不比地方性知识更强。地方性知识在生态维护上发挥着独特的作用，其独特性归纳起来包括如下三个方面的内容：首先，地方性知识具有不可替代性；其次，发掘和利用一种地方性知识，去维护所处地区的生态环境，是所有维护办法中成本最低廉的手段；第三，地方性知识具有严格的使用范围，这就可以最大限度地避免维护方法的误用①。在调查地，居民按传统知识所完成的治沙行为，资金投入量还不到专家规划的1/10。反思半个世纪的努力，我们陷入困惑，不少生态救治工程采用的恰好是当时最先进的科学技术，有的还是高价从国外请专家指导施工完成的，然而即使是这样的工程，也大多没有达到预期的治理目标。

目前，草原生态不能得到适宜的治理和保护，而且与此相伴随的草原传统生态文化正在快速消失。每个地方的人在长期的生活过程中，都形成了一套适应和保护当地生态的独特知识。目前的生态治理模式多是以执行项目的方式来解决，自上而下，“一刀切”地执行和统一的、模式化的治理程序，传统牧民渐渐“失语”。如果将生态治理让位于多样化群体，技术与地方社会结合，因地制宜探索适宜的治理之道，将会获得更好的效果。

### （三）生态精英的退却、断层

50年代时期，虽然牧区开始受到农区政策和民间农耕文化的

① 许宝强、汪晖：《发展的幻想》，中央编译出版社2001年版，第18页。

影响，但是地方生态精英的力量还是存在的。农牧两种力量的暂时抗衡，使得牧区的游牧生态文化得以延续一段时间。人民公社时期，牧区地方精英参与牧区工作决策，他们在可能的范围内，延续牧区的传统，减缓、弥补革命、政策对牧区造成的损失。以 60 年代初农垦进驻旗内事件为例，农垦集团在陈巴尔虎旗中西部实行过大开垦，就及时被当地的地方精英牧民、所制止。到了“文革”时期，一些地方生态精英受到迫害，被戴上“反革命”、“右派”、“叛徒”的帽子，给他们的身心留下了难以磨灭的伤痛。至今谈来，也可以感受到他们话语中的“谨慎”。经历了多次革命的洗礼，牧区现在的地方生态精英情况如何？

笔者在调查时发现，目前牧区基层社会中还是存在一些生态精英，比如基层的干部，他们世代都是牧民，传承了父母一辈的很多地方生态知识。这些人群多在 40 岁以上，已经步入中年。还有一些老牧民，他们有的因为子女的原因居住在城里，但是他们年轻时都是在草原上长大的，对传统游牧时期历史较为了解。当问到如何看待“游牧”时，这些人群一致认为“游牧”对于保护草原生态发挥了不容忽视的作用。但是牧区的农耕民族干部，尤其是农垦集团的人员，往往用“不科学的”、“落后的”话语来形容“游牧”，希望更多的草原开垦成农田。

随着民族地区现代化进程加速，不少地方生态知识逐渐被遗忘。有经验的老牧民和地方基层干部，他们主要是通过口传上辈的生态知识、文化传统，这种口传的方式传承受阻。由于语言表达不畅，他们的生态知识很难自行地成为文字。不仅如此，牧区生态精英外流也成为生态遗产延续的障碍。在调查地，一些老牧民纷纷向城镇移居，不再从事牧业。另一些掌握传统生态文化的老牧民已经逝去，生态文化传承受阻。年轻一代对成为传承人失去兴趣，他们不再像他们的父辈祖辈留守在草原生活，而更多的是离开故土，到家乡外工作生活，这些原因造成了传统生态文化传承断层断代。

在牧区，年轻的牧民对待草原的观念已经发生了很大改变。老牧民们还习惯住蒙古包，年轻人已经不习惯这种生活方式，他们更向往城市的生活。一些年轻的牧民并不了解草原生态保护的规则，只知道拼命地养羊，用羊来换好车、好房子、好衣服；抑或是把草场卖给外地人，仅靠卖草场过日子，对草原的保护也不如过去重视了。如果把草原的地方生态知识、传统文化看作是草原保护的最后一道防线，那么这道防线也正面临着解体的危险。

# 第六章　结论与讨论

千百年来，传统的游牧生产方式、组织结构、制度文化是适应草原自然生态的。清末放垦制度对牧区产生了巨大影响，但调查地远离中原农耕地区，受到农耕文化影响较晚，1949 年前保持了相对完整的生态面貌。1949 年后一系列农耕化制度、组织设计使得牧区和农区形成高度的统一。随后而来的现代化进程，市场规则彻底摧毁了传统牧区，维护草原生态的传统游牧机制被逐一瓦解，草原资源被快速利用、耗竭，带来了诸多环境问题。草原环境问题是农耕文化和现代化双重冲击的现实版本。综观草原的环境与社会变迁历程，牧区目前正处于十字路口上，未来之路仍具有诸多的不确定性。

## 一　外来影响因素之一:农耕文化的冲击

### （一）农耕与游牧的系统比较

农耕文化和游牧文化都是建立在各自不同的生态类型之上。以近代形成的长江流域农耕生态系统作为“理想类型”[1]，与游牧生

---

① 农耕区域自身的生态类型也存在差异，如从空间上来看，南、北方的农耕生态系统差异较大。从时间上来看，近代以来的农耕系统和部落社会组织中的“刀耕火种”已有较大的差异，如今的农耕生态系统是一个千百年来人与生态相互影响的结果。为了便于统一描述，在本书中选取近代形成的长江流域农耕生态系统，作为农耕生态的“理想类型”。

态系统进行对比，可以发现以下几个方面的差异：

第一，农耕生态系统可以在小空间内形成生态循环，如千百年来形成的太湖圩田系统，这些生态系统以一个村为单元，甚至可在在更小的地域内完成循环。而游牧生态系统中水草资源分布不均衡等特点，决定了游牧必须在更大空间范围内才能形成良好的生态循环。清代以来，游牧社会在“旗—佐领”为基础的地域社会上，实现了游牧圈与地缘社会的整合①，旗成为了整个游牧生态系统循环的空间。游牧地区的生态调节空间远远大于农耕地区的生态系统空间，呈现出大空间的特点。

第二，农耕生态系统呈现出稳定性、定居性和封闭性等特点，游牧生态系统呈现出不稳定，流动性和较为开放等特点。一般而言，农耕地区气候温和、雨量充沛、土壤更为肥沃，适合大面积种植农作物。农作物便于储存和积累，可以形成较为稳定的生存来源，这也使得农民形成定居、建立自己田庄、城镇的习惯。在没有出现重大自然灾害、战争等情况下，农民是不会迁出故土，始终如一地看守着土地，追求安定的生活。而游牧地区位于内陆干旱和半干旱气候，气候温差大，降水量不足，疏松沙层广布。草原气候严寒干旱多变，灾害频发，与此相对应的是水草资源分布的千差万别。牧民为了利用这些多变的水草资源，也逐渐训练出了一种有效的游牧的生产方式，通过不断地迁徙来利用这些不均衡的资源，其稳定性远不如农耕生态系统。

第三，侧重不同的生态基础，形成了不同的文化特点。农耕文化表现为“以土为重”，游牧文化表现为“以水、草为重”。和游牧民族相比，“土”在农耕民族眼中是至关重要的，农耕民族离不开土，种地是最普遍的生计方式。费孝通曾借用一位朋友的话来形容农耕民族的“土”性，“你们中原去的人，到了这最适宜于放牧

① 王建革：《游牧圈与游牧社会：以满铁资料为主的研究》，《中国经济史研究》，2000年第3期。

的草原上，依旧锄地播种，一家家划着小小的一块地，种植起来；真像是从土里一钻，看不到其他利用这片地得方法了。”① 游牧则可以看成是以水、草为中心的生态、生计、社会和文化的综合体。“水、草”在游牧社会里占据着非常重要的地位，“美草甘水则止，草尽水竭则移……”，在不同的牧场中迁徙，不仅是为了寻找新的资源，也是为了持续利用、保护草原。

除了基本的生态类型不同，农耕和游牧的社会组织结构也有很大差异。农耕组织更容易形成固定的、板块式的、统一的结构，更为强调一种不易变化的固态，而游牧组织更具移动性、灵活性。农耕民族终年守候在固定的居住点，容易形成村落、城镇等，在很长的历史时期，几乎没有发生太大的变化。作为权力机构象征的农耕地区地方政权，首先要成为一种固定的组织模式。

游牧人群组织和社会结构是围绕水草的生态特征而变化。由于草原的生态环境脆弱易变，游牧组织结构也常常以灵活多变、自由移动、富有弹性等为原则。以过去基本的游牧社会单位——“阿寅勒”为例，它是游牧民族家庭组织、生产组织和社会文化组织的高度统一体，这种组织缺乏与土地紧密联系的意识，而更多依赖于“族群的想象”，随瞬息万变的水草资源四处游走。各种牧团可能结合成一个团体，再大也可能是一个部落，部落的结构在组织形式上表现出极大的分散性、暂时性，极易受到自然灾害、政治变动和战争的冲击，从而具有高度的流动性。

总体来看，游牧的社会结构是一种会随着环境变化的组织，极易受到自然生态影响。从基层的阿寅勒组织到上层的古列廷组织，都是自由迁徙，很少定居，总是处于移动的状态。当遇到一些突发的自然灾害时，这些游牧组织会分化或分离，或是重新组织新的牧团。这种游牧社会特有的现象，正是对“水草”变化的理解，以高度的灵活性来顺应变化的环境，有效地利用草原资源，规避风

① 费孝通：《乡土中国 生育制度》，北京大学出版社1998年版，第6页。

险，从本质上来说是具有很强的生态适应性。

下面以列表的形式综合比较传统游牧文化和农耕文化（表6—1）。

**表6—1 游牧与农耕的系统比较**

| 项目 | 游牧 | 农耕 |
|---|---|---|
| 生态系统特征 | 1. 大空间内生态循环<br>2. 水、草资源时空分布不均衡，生态系统不稳定 | 1. 小空间内生态循环<br>2. 生态系统较为稳定、封闭性较强 |
| 土地生产力 | 低 | 高 |
| 人口数量 | 稀少 | 多 |
| 依赖生态程度 | 非常依赖 | 依赖 |
| 生产方式特点 | “逐水草而居”<br>高度精细的游牧技术性操作 | 躬耕田畴<br>精耕细作 |
| 居住特征 | 游动性、居无恒所<br>高度分散 | 定居性、重土安居<br>聚居性 |
| 经济特征 | 脆弱性、靠天养畜极不稳定，不利于财富积累 | 财富积累 |
|  | 单一性、很难自给自足，对农副产品具有依赖性 | 自给自足 |
| 组织特征 | 移动的、灵活的、便于迁徙的组织<br>如古列延和阿寅勒等 | 固定的组织<br>如城市和农村中固定的组织类型 |
| 生态文化 | 以“水、草”为重 | “以土为重” |
| 宗教文化 | 萨满教、喇嘛教（藏传佛教）<br>爱护、保护草原生态，不是以某个具体的、固定的点为中心，而是所有草原 | 儒家学说<br>以某个具体的、固定的地点为中心，重视农田系统的维护 |

### （二）农耕浸润游牧及其生态后果

农耕对游牧的浸润主要体现为农耕化制度的作用，游牧经历了从“以定改游”到“分地到户”。“以定改游”时期从1902年，清朝被迫放垦开始。随着放垦制度的蔓延，一些游牧民族开始向定居和半定居游牧发展，传统的游牧形态开始改变。农牧交界线逐渐北上，大面积的草原被开垦成耕地，草原生态也开始受到负面影响。20世纪50年代开始到80年代，内蒙古地区广泛推广定居游牧，大多数地区从纯游牧转变为定居游牧。

在牧区实行草畜承包制度，是农耕全面浸润游牧的时期[①]。在农耕社会历来就有土地平等划分、继承的传统，所谓“小农经营”。草畜承包制度是模仿农区的分田到户，套用农耕的生态系统特点贯至于牧区。游牧的核心在于“水草”，其利用需要人畜在空间上的移动，一旦固定下来，就难以实现生态学意义上的调节。草原被划分为大小不一的条块草场，一年四季牧户常年围绕在一块几千亩的草场轮牧，渐渐丧失了传统时期基于草场时空变化特征的四季游牧技艺。

中国草原生态问题的特殊性在于，它是农耕文化与游牧文化长期矛盾遗留的产物。游牧经济本质上是一种生态经济，保护它可以起到保护该地区生态环境的作用。农耕文化的代表是儒学，宋明时期已经形成了纯农耕的儒学。儒家主要以农为本，发展农业是农耕民族富国安民的根本。历史上，后来的儒家正统学说很少重视游牧精神和巨大的生态价值，不少农耕民族将游牧生产方式视为“落后”，这是儒家农耕文化对游牧文化的误解。中国的农耕文化意识深厚，在民族的深层意识里扎根土壤。农耕文化与游牧文化长期碰

---

① 从某种角度来看牧区的分地到户制度，也可以说是引进了现代产权制度。现代产权制度是西方资本主义的，但它与传统农耕的土地私有观念不矛盾，而是对土地所有的进一步强化。

撞的结果，是农耕文化最终取得了胜利，在草原地区成为主导文化并制度化，从而加剧了游牧文化的边缘化。

## 二　外来影响因素之二:现代性的扩张

从宏观角度来看，环境问题的原因根植于现代社会结构和基本价值深处。这意味着，草原生态问题的原因和现代社会的急剧转型存在密切关联。在牧区，国家推行的一整套现代化制度，包括市场经济与草畜承包制度，基层社会心态中普遍存在的工具理性倾向，使得原有的牧区共同体与草原生态知识体系被迫瓦解与消逝，进而也带来了复杂的环境社会负面影响。

现代社会是一个巨大的社会文化工程，表现为诸多方面的转型，如经济、政治制度、现代价值观念的变化。在陈巴尔虎旗的案例分析中，综合了现代性诸多面向的讨论。包括国家权力、制度设计的讨论，市场经济活动与牧区的影响，以及各种人群社会心理的转变的分析。

首先，从国家的影响作用来讨论其环境影响。相比于传统社会，现代社会中国家对资源的控制能力增强。在草原牧区的管理中，国家承担了越来越重要的角色。国家的角色迅速改变，由“规训”转变为“市场整合”牧区生态，越来越接近于吉登斯所说的民族国家概念。通过各种制度设计、实施，深刻地影响着牧区基层社会。在陈巴尔虎旗的案例中，一方面，国家制度和政策给牧区带来诸多的不确性；另一方面，大量的生态治理又必须由国家来主导设计。在具体的生态治理过程中，地方性生态知识让位于国家政策和科学技术，处于“失语”状态。

草原生态被纳入国家的视野后，被进行理性地设计。国家将自然简单化和清晰化，控制自然为其所用，重塑自然。自然逐渐标准化、商品化，充分体现极端现代主义的“规划”的本质。极端现代化意识形态也是一种强烈而固执的自信，他们特别相信，随着科学地掌握自然规律，人们可以理性地设计社会的秩序。这种意识形态产生于西方，是前所未有的科学和工业进步的副产品①。随着以国家权力为载体的现代化进程在草原地区的展开，草原生态文明就被意识形态化为“落后”的生产方式，需要用现代化的手段加以改造。在牧区的诸多案例中，可以看出国家权力与地方社区共同体力量此消彼长的关系。丰富而复杂的地方社会自身有一套行之有效的社会、生态保护逻辑，当这套规则单向度地被国家方式简单替代后，很有可能出现两种情况，一是国家管理成本的增加，操作运行不确定性因素增加；二是出现管理上的空白，即一种失序状态，制造出了很多新的环境风险。

其次，从市场经济的扩张角度来看，市场经济和科学技术的结合，草原资源被汲取的速度大大加快了。科学技术的发展使得人们控制自然，索取资源的能力增强。科技的运用以及市场机制的扩张导致资源在短时间内超负荷汲取，所造成的生态负面影响是毋庸置疑的。借用卡尔·波兰尼的理论，当所有的生产条件，包括劳动力、土地、自然、城市空间等都要按照市场价值来估算，并通过市场的流通来实现其价值的增值时，逐步实现了“生产条件的资本化”②。市场经济制度的扩张使得自然生态在内的一切事物都逐渐用“市场价值”来衡量，包括人、社会、历史遗产、自然生态资源等都被重新“评估”。这是一种单一化的评价系统。在案例中，在缺乏管制的条件下，牧区的自然资源被现代化机器开采殆尽，草地生产力逐年下降。

市场经济制度极大地激发个体追求财富的欲望。蕾切尔·卡逊于1963年就指出，对利润和金钱的盲目崇拜是生态问题的罪魁祸首，这种为了快速获得经济回报而将自然蜕变成工厂的方式，是想

---

① 〔美〕詹姆斯·C. 斯科特：《国家的视角》，社会科学文献出版社2004年版。

② 〔匈牙利〕卡尔·波兰尼：《大转型：我们时代的政治与经济起源》，浙江人民出版社2007年版。

将一切自然为利润和生产之神服务[1]。市场交换和获利活动得以克服种种传统观念和人际关系的枷锁扩张到一切领域，个人自主的创造力和以无止境地追求个人利益为特征的社会财富之增长也就被源源不断地释放出来了。这种工具理性和个人权利的追求，使得现代社会完成了价值系统的转化[2]。草原牧区中外来人群的工具理性特征彰显出民间“资本主义精神”之“中国特色”，不断地游走在法律的边缘，“生活意义就是赚钱”。牧区的社会心理所发生的“震荡”，是牧民不得不卷入进这个“利益”驯服“温情”的世界。

从第三个方面来看，环境问题的产生和工具理性等基本价值系统无不关系。在转型时期，社会充满了功利主义、实用主义、唯市场取向的庸俗化方向，经济理性成为当代中国社会的强势话语，市场经济的实行，个人的基本利益得到重视和强调，但很快走向另一种极端，除了彻底抛弃“集体主义”，还表现为物质主义至上[3]。这种摆脱传统伦理束缚的功利化的个体，以极端的经济理性为取向，无止境地追求个人利益、财富增长被释放出来，导致的后果就是自然被无限制地索取和利用。案例中，各种逃避环保法律法规的行为大肆其道，草场交易、偷挖药材、污染企业转移等现象缺少相应的规范。基层社会中充斥着各种利益群体，一些利益群体在享受市场化变革过程中的收益时，却损害了社区和他人的利益，无视生态环境的代价。

在农耕文化和现代性的双重冲击下，草原环境问题进一步加剧。传统的游牧生产生活方式是一种生态经济文化类型，游牧民族所具有的“传统的生态学知识”是以整个生态圈的平衡为基点，人和牲畜只是这个生态圈中的一环，任何一个环节出现问题，都不能持续地生存下去。在农耕文化和现代性的改造下，传统牧区的整

---

① 〔美〕Carson. R：《寂静的春天》，科学出版社 2007 年版。

② 金观涛：《探索现代社会的起源》，社会科学文献出版社 2010 年版。

③ 陈阿江：《次生焦虑：太湖流域水污染的社会解读》，中国社会科学出版社 2009 年版。

套生态平衡调节机制难以运行。外来因素进一步破坏了当地人与生态的和谐共生关系，制造了更多新的严重的生态危机。

## 三　本书的结语

纵观草原环境与社会的变迁历程，牧区仿佛正处于十字路口，草原生态处于警戒线状态。牧区今日的“抉择”将会对未来产生巨大的影响。对于牧区未来的生态环境如何，仍有很大的不确定性。面对这样的环境、社会转折点，需要牧区重新站在自身的角度来思考未来，基于牧区的特殊性来思考问题。民族地区应该如何走出一条适应经济、社会、生态环境可持续发展之路?

在本研究中，笔者认为以下三点可以继续进行探索：第一，重新发掘牧区传统。保护生态的好方法就是要保护当地传统文化的存续，因为中国几千年的民族地区文化曾高度适应自身所处的生态环境，建立了极具特色的生态智慧和技术技能体系。在实行草原管理制度、措施时更多地考虑传统。第二，建立可持续发展的社会经济系统是长远之计，充分发挥牧民的积极性与合作精神。第三，把最好的旧的与最好的新的结合起来，致力于把最先进的技术发展结果和传统的智慧相结合。传承优秀的生态文化遗产，与市场机制相结合，走出一条适合牧区的发展之路。

在牧区的未来之路探索中，王晓毅提出，从历史与理论中汲取智慧，在社区合作中推进草场管理。他提出了“社区共管”这一概念，其一是社区发展概念，参与式、自下而上和社区发展协调；其二是延续草地共有的传统。以社区为基础、具有综合功能的牧民合作组织将在草原资源的管理中发挥日益重要的作用①。

沿着这一思路，杨思远等人提出“草场整合”的管理方式具

① 王晓毅：《环境压力下的草原社区：内蒙古六个嘎查村的调查》，社会科学文献出版社 2009 年版，203—205 页。

有较强的现实意义。采取联合经营方式整合草场，特别是组建合作牧场，发挥其生态效益优势。一方面，联合经营的规模扩大，在联合牧场内部可以实现季节轮牧，有利于生态恢复；另一方面，联合经营事先确定各户草场放牧天数，便于各户监督自家草场不被过度放牧，克服了租赁草场整合的弊病[①]。这种草场联合经营机制有效地实现了牧户之间的合作，是一种较为适合牧区发展的政策探索。

牧区未来之路的研究才刚刚起步，还远远不足。牧区“社区共管”机制的建立和草场整合试点的研究将会有很强的理论和现实价值。积极探索牧区未来之路，关注民族地区的发展问题，也需要开展更多的后续研究。

① 杨思远：《巴音图嘎调查》，中国经济出版社 2009 年版。

# 参考文献


安·格雷：《文化研究：民族志方法与生活文化》，重庆大学出版社 2009 年版。

爱弥儿·涂尔干：《宗教生活的基本形式》，上海人民出版社 2006 年版。

奥斯特罗姆：《公共事物的治理之道——集体行动制度的演讲》，上海译文出版社 2012 年版。

安东尼·吉登斯：《民族、国家与暴力》，生活·读书·新知三联书店 1998 年版。

阿拉腾：《文化的变迁：一个嘎查的故事》，民族出版社 2006 年版。

阿图罗·埃斯柯瓦尔：《发展的历史，现代性的困境》，《中国农业大学学报》（社会科学版），2008 年第 1 期。

达尼洛·马尔图切利：《现代性社会学：二十世纪的历程》，译林出版社 2007 年版。

敖仁其、林达太：《草原牧区可持续发展问题研究》，《内蒙古财经学院学报》，2005 年第 4 期。

波兰尼：《大转型：我们时代的政治与经济起源》，浙江人民出版社 2007 年版。

包智明、陈占江：《中国经验的环境之维：向度及其限度——对中国环境社会学研究的回顾与反思》，《社会学研究》，2011 年第 6 期。

孛·蒙赫达赉：《巴尔虎蒙古史》，内蒙古人民出版社 2004 年版。

孛·蒙赫达赖：《呼伦贝尔史论——中国北方游牧民族与呼伦贝尔》，内蒙古文化出版社 2009 年版。

宝贵贞：《近现代蒙古族宗教信仰的演变》，中央民族大学出版社 2008 年版。

陈阿江：《次生焦虑：太湖流域水污染的社会解读》，《中国社会科学出版社》，2009 年版。

陈阿江：《理性的困惑：环境视角中的企业行为判别》，《广西民族大学学报》（哲学社会科学版），2009 年第 4 期。

陈阿江：《水域污染的社会学解释》，《南京师大学报》（社会科学版），2000 年第 1 期。

曹锦清：《黄河边的中国：一个学者对乡村社会的观察与思考》，上海文艺出版社 2000 年版。

曹树基：《中国人口史（第五卷）清时期》，复旦大学出版社 2001 年版。

陈巴尔虎旗编纂委员会：《陈巴尔虎旗旗志》，内蒙古文化出版社 1998 年版。

陈巴尔虎旗统计局：《陈巴尔虎旗统计年鉴（1946—2008）》，内部资料 2008 年版。

达林太、郑易生：《牧区与市场：牧民经济学》，社会科学文献出版社 2010 年版。

达林太：《蒙古高原生态脆弱性与人地关系的研究》，远方出版社 2009 年版。

恩和：《草原荒漠化的历史反思：发展的文化维度》，《内蒙古大学学报》（人文社会科学版），2003 年第 2 期。

恩和：《蒙古高原草原荒漠化的文化学思考》，《内蒙古社会科学》（汉文版），2005 年第 3 期。

额尔敦布和等：《内蒙古草原荒漠化问题及其防治对策研究：

中日学术研讨会论文集》，内蒙古大学出版社 2002 年版。

额尔敦扎布：《游牧经济的合理内核——人与自然的和谐》，《内蒙古统战理论研究》，2007 年第 2 期。

费孝通：《江村经济》，上海人民出版社 2007 年版。

费孝通：《乡土中国 生育制度》，北京大学出版社 1998 年版。

费孝通：《三访赤峰》（上），《瞭望》，1995 年第 39 期。

费孝通：《三访赤峰》（下），《瞭望》，1995 年第 40 期。

风笑天：《社会学研究方法》，中国人民大学出版社 2001 年版。

富永健一：《日本的现代化与社会变迁》，商务印书馆 2004 年版。

高丙中、纳日碧力戈等：《现代化与民族生活方式的变迁》，天津人民出版社 1997 年版。

甘阳：《通三统》，生活 · 读书 · 新知三联书店 2007 年版。

葛根高娃：《关于内蒙古牧区生态移民政策的探讨：以锡林郭勒盟苏尼特右旗生态移民为例》，《学习与探索》，2006 年第 3 期。

葛根高娃、薄音湖：《蒙古族生态文化的物质层面解读》，《内蒙古社会科学》（汉文版），2002 年第 4 期。

黄宗智：《改革中的国家体制：经济奇迹和社会危机的同一根源》，《开放时代》，2009 年第 4 期。

黄宗智：《超越左右分歧：从实践历史来探寻改革》，《开放时代》，2009 年第 12 期。

贺雪峰：《村治的逻辑：农民行动单位的视角》，社会科学文献出版社 2009 年版。

何群：《环境与小民族生存：鄂伦春文化的变迁》，《社会科学文献出版社》，2006 年版。

洪大用：《当代中国社会转型与环境问题：一个初步的分析框架》，《社会学》，2000 年第 12 期。

洪大用：《社会变迁与环境问题——当代中国环境问题的社会

学阐释》，首都师范大学出版社 2001 年版。

呼伦贝尔盟档案史志局：《新时期农村牧区变革》（呼伦贝尔盟卷），内蒙古人民出版社 1999 年版。

呼伦贝尔盟档案史志局：《巴图巴根与呼伦贝尔》，内蒙古文化出版社 2001 年版。

侯扶江、杨中艺：《放牧对草地的作用》，《生态学报》，2006 年第 1 期。

金观涛、刘青峰：《兴盛与危机：论中国社会超稳定结构》，中文大学出版社 1992 年版。

金观涛、刘青峰：《开放中的变迁：再论中国社会的超稳定结构》，中文大学出版社 1993 年版。

金观涛、刘青峰：《中国现代思想的起源：超稳定结构与中国政治文化的演变》（第一卷），中文大学出版社 2000 年版。

金观涛：《探索现代社会的起源》，社会科学文献出版社 2010 年版。

克利福德·格尔茨：《文化的解释》，译林出版社 1999 年版。

克利福德·吉尔兹：《地方性知识：阐释人类学论文集》，中央编译出版社 2000 年版。

林耀华：《民族学通论》，中央民族大学出版社 1997 年版。

李培林：《现代性与中国经验》，《社会》，2008 年第 3 期。

李培林：《改革和发展的“中国经验”》，《甘肃社会科学》，2010 年第 4 期。

流心：《自我的他性：当代中国的自我系谱》，上海人民出版社 2005 年版。

李强：《后全能体制下现代国家的构建》，《战略与管理》，2001 年第 6 期。

卢风：《地方性知识、传统、科学和生态文明——兼评田松的〈神灵世界的余韵〉》，《思想战线》，2010 年第 1 期。

吕世海、卢欣石、曹帮华：《呼伦贝尔草地风蚀沙化地土壤种子库多样性研究》，《中国草地》，2005 年第 3 期。

罗康隆，黄贻：《发展与代价——中国少数民族发展问题研究》，民族出版社 2006 年版。

蕾切尔·卡逊：《寂静的春天》，科学出版社 2007 年版。

马克斯·韦伯：《新教伦理与资本主义精神》，群言出版社 2007 年版。

米歇尔·福柯：《规训与惩罚：监狱的诞生》，生活·读书·新知三联书店 1999 年版。

米歇尔·福柯：《疯癫与文明：理性时代的疯癫史》，生活·读书·新知三联书店 1999 年版。

米歇尔·福柯：《安全、领土与人口》，上海人民出版社 2010 年版。

麻国庆：《“公”的水与“私”的水：游牧和传统农耕蒙古族“水”的利用与地域社会》，《开放时代》，2005 年第 1 期。

麻国庆：《草原生态与蒙古族的民间环境知识》，《内蒙古社会科学》（汉文版），2001 年第 1 期。

马立博：《虎、米、丝、泥：帝制晚期华南的环境与经济》，江苏人民出版社 2011 年版。

马宗保、马清虎：《试论西北少数民族传统生计方式中的生态智慧》，《甘肃社会科学》，2003 年第 2 期。

舒马赫：《小的是美好的》，译林出版社 2007 年版。

内蒙古自治区蒙古族经济史研究组：《蒙古族经济发展史研究》（第一集），内蒙古自治区蒙古族经济史研究组出版社 1987 年版。

内蒙古古发展研究中心调研组：《关于内蒙古矿产资源开发管理体制改革调研报告》，《北方经济》，2009 年第 13 期。

潘乃谷、周星：《多民族地区，资源、贫困与发展》，天津人民出版社 1995 年版。

曲格平、李金昌：《中国人口与环境》，中国环境科学出版社

1992 年版。

丘海雄、徐建牛：《集群升级与政府行为》，《南方日报》，2006 年 04 月 25 日。

清朝呼伦贝尔副都统衙门编：《呼伦贝尔副都统衙门册报志稿》，呼伦贝尔盟历史研究会 1986 年版。

饶静、叶敬忠：《我国乡镇政权角色行为的社会学研究综述》，《社会》，2007 年第 3 期。

色音：《蒙古游牧社会的变迁》，内蒙古人民出版社 1998 年版。

苏勇：《呼伦贝尔盟民族志》，内蒙古人民出版社 1997 年版。

苏国勋：《理性化及其限制——韦伯思想引论》，上海人民出版社 1988 年版。

唐纳德·沃斯特：《尘暴：1930 年代美国南部大平原》，生活·读书·新知三联书店 2003 年版。

田松：《神灵时间的余韵》，上海交通大学出版社 2008 年版。

王晓毅：《环境压力下的草原社区：内蒙古六个嘎查村的调查》，社会科学文献出版社 2009 年版。

王明珂：《游牧者的抉择：面对汉帝国的北亚游牧部族》，广西师范大学出版社 2008 年版。

王铭铭：《小地方与大社会：中国社会的社区观察》，《社会学研究》，1997 年第 1 期。

王建革：《游牧方式与草原生态：传统时代呼盟草原的冬营地》，《中国历史地理论丛》，2003 年第 2 期。

王建革：《游牧圈与游牧社会：以满铁资料为主的研究》，《中国经济史研究》，2000 年第 3 期。

王建革：《近代内蒙古草原的游牧群体及其生态基础》，《中国农史》，2005 年第 1 期。

王建革：《夏营地游牧生态：以 1940 年左右呼盟草原为例》，《中国农业历史学会第九次学术研讨会论文集》，2002 年版。

项飚：《社区何为——对北京流动人口聚居区的研究》，《社会学研究》，1998 年第 6 期。

肖笃宁：《景观生态学》科学出版社 2003 年版。

许宝强、汪晖：《发展的幻想》，中央编译出版社 2001 年版。

荀丽丽：《"失序"的自然：一个草原社区的生态、权力与道德》，中央民族大学博士学位论文，2009 年。

荀丽丽、包智明：《政府动员型环境政策及其地方实践——关于内蒙古 S 旗生态移民的社会学分析》，《中国社会科学》，2009 年第 5 期。

谢元媛：《生态移民政策与地方政府实践——以敖鲁古雅鄂温克生态移民为例》，北京大学出版社 2010 年版。

约瑟夫·A. 马克斯威尔：《质的研究设计：一种互动的取向》，重庆大学出版社 2007 年版。

袁方：《社会研究方法教程》，北京大学出版社 2004 年版。

杨庭硕：《论地方性知识的生态价值》，《吉首大学学报》（社会科学版），2004 年第 3 期。

杨思远：《巴音图嘎调查》，中国经济出版社 2009 年版。

杨善华、苏红：《从"代理型政权经营者"到"谋利型政权经营者"——向市场经济转型背景下的乡镇政权》，《社会学研究》，2002 年第 1 期。

朱晓阳、谭颖：《对中国"发展"和"发展干预"研究的反思》，《社会学研究》，2010 年第 2 期。

朱晓阳：《"语言混乱"与法律人类学的整体论进路》，《中国社会科学》，2007 年第 2 期。

闫天灵：《汉族移民与近代内蒙古社会变迁研究》，民族出版社 2004 年版。

约翰·贝拉米·福斯特：《生态危机与资本主义》，上海译文出版社 2006 年版。

佚名：《蒙古秘史》，新华出版社 2007 年版。

詹姆斯·C. 斯科特：《国家的视角》，社会科学文献出版社2004年版。

张雯：《草原沙漠化问题的一项环境人类学研究》，《社会》，2008年第4期。

张静：《基层政权：乡村制度诸问题》，浙江人民出版社2000年版。

张明华：《我国的草原》，商务印书馆1982年版。

自然灾害大事记编写小组：《内蒙古历代自然灾害史料》，内部资料1982年版。

赵冈：《中国历史上生态环境之变迁》，中国环境科学出版社1996年版。

Bell, Michaldl (ed.), An Invitation to Environmental Sociology—2nd edition, Thousands oaks: pine Forge Press, 2004.

Biersaek, Aletta, Introduction: "From the 'New Ecology' to the New Ecologies", Amencan Anthropologist, 1999, 101 (1).

Bian Yanjie, Zhanxin Zhang, "Marketization and Income Distribution in Urban China, 1988 and 1995." Research in Social Stratification and Mobility, 2002.

Brosius, Peter. "Analyses and Interventions: Anthropological Engagements with Environmentalism." Current Anthropology, 1999, 40 (3).

Caroline Humphrey & David Sneath, The end of Nomadism? Society, State and the Environment in inner Asia, Duke University Press/White Horse Press, Durham USA and Cambridge UK, 1999.

Escobar Arturo, After Nature: "Steps to an Anti – essentialist Political Ecology.", Current Anthropology, 1999.

Frank Ellis, Peasant economics, Cambridge university Press, 1988.

Geertz, Clifford, "Deep play: notes on the Balinese cockfight" in the interpretation of Culture, New York: Basic Books, 1973.

Hardin, Garrett. The tragedy of the commons, Science, 1968 (162): 1243—1248.

Kottak, Conrad P, "The New Ecological Anthropology." American Anthropologist, 1999, 101 (1).

Moncrief, lewis W. The Cultural Basis for Our Environmental Crisis, Science, 1970, 170 (NO. 3957): 508—512.

Walder, Local Goverments as Industrial Firms: An Organizational Analysis of China's Transitional Economy, American Journal of Sociology, 1995.

Williams, Dee Mack, Beyond Great walls: Environment, Identity and Environment on the Chinese Grasslands of inner Mongolia, Stanford: Stanford University Press. 2002.

White, Lyn, Jr. The Historical Roots of Our Ecologic Crisis, Science, 1967, 155 (3767): 1203—1207.

Zhou Xueguang, Reply: Beyond the Debate and toward Substantive Institutional Analysis, American Journal of Sociology, 2000: 105.

# 附录　访谈提纲

**访谈提纲一**（访谈对象：老牧民、退休老干部，主要了解1949年前、人民公社时期的牧区的概况。）

1. 1949年前草原的生态面貌（包括牧区气候、自然灾害、野生动、植物类型及生长情况、河流湖泊等）。

2. 旗总面积，天然草场面积，打草场面积，人工饲草料草地面积，耕地面积，林地面积以及沙地面积。

3. 估算旗内各种牲畜头数（包括牛、马、骆驼、绵羊、山羊）。

4. 旗内牧民户数，外来劳动力情况。

5. 牧户的居住情况。（主要是蒙古包还是有固定住房?）

6. 牧民是如何游牧的？（季节性游牧线路图、具体的游牧技术）

7. 清朝之前的游牧组织形态是怎样的？具有什么生态功能？

8. 清朝时期的游牧组织是怎样的？与之前的游牧组织有什么变化？具有什么生态功能？那一时期的“人—草—畜”生态系统是否达到平衡？

9. 清朝时期的地方组织机构是怎样的？如何管理牧区的？

10. 清朝时期相关的草原政策、制度有哪些？在基层牧区是怎样实行的？

11. 陈巴尔虎旗和呼伦贝尔盟其他牧业旗比较（草原状况，农耕民族进入牧区情况，牧民生计方式，是否存在转变等）。

12. 呼盟与内蒙古中南部地区、西部地区比较。

13. 人民公社时期的牧区政策、制度有哪些？这些政策制度在基层社会是如何运行的？政策制度对牧区环境、社会产生了什么影响？牧民们有什么感受？

14. 人民公社时期牧业生产组织情况？与1949年前有什么变化？对草原生态是否存在影响？

15. 简要介绍牧区农垦集团进驻的时间，农垦集团与周边牧民的关系？农垦集团对牧区产生了什么影响？

16. 人民公社时期，所在的苏木/镇人口有什么变化，外来人口多少？外来人口的生计如何？

17. 人民公社时期牧民的放牧情况如何？和新中国成立前的游牧有什么区别？对草原生态有什么影响？（放牧路线图，具体的牧场生产场景）

18. 牧民的生态观念。

19. 描述一下人民公社时期您家的生产生活场景。

20. 改革开放以后，牧区的重要政策、制度？对牧区有什么影响？

21. 对草畜承包制度的评价。

22. 对现在牧区的感受。

23. 陈巴尔虎旗呼和诺尔苏木至赫尔洪德地区沙地是怎样形成的？自然形成的？还是人为造成的？

24. 对草原生态治理措施的看法（包括草畜平衡、休牧禁牧、生态移民、沙化治理等）。

25. 对牧区的草原生态治理措施有什么建议？

**访谈提纲二**（访谈对象：正在从事牧业生产的牧民（年龄在20—40岁），主要了解牧业生产基本情况与环境影响。）

1. 牧户家庭的基本情况。（包括家庭人口、劳动力、承包草场面积、网围栏情况、打草场面积、饲草料基地面积、冬季草场面

积、春秋草场面积、居住格局、家庭生产、生活收支等）

2. 牧业生产情况。（牲畜数量、种类，草场使用情况，是否游牧？生产路线图？和草畜承包之前的放牧情况有什么转变？牧业生产设施使用情况。草畜承包制度以后，对草原环境有什么影响？）

3. 草原承包责任制情况。（是自己承包经营草场还是转包？对草场承包及转包的看法和建议）。

4. 牧民的人际交往如何？有什么变化？

5. 牧民的生态观念。

6. 牧民与外来者的互动情况。

7. 牧户的草场是否实行了草原治理项目？如果实行了草原治理项目，主要是哪些？实行草畜平衡、休牧禁牧、生态移民、沙化治理后，对当地生态环境产生了哪些影响？对牧民收入有什么影响？

8. 生态治理政策在基层社会实行的具体场景。

9. 对牧区发展和草原保护有什么看法和建议？

**访谈提纲三**（访谈对象：外来者，主要是90年代以后在各苏木/定居的外来人口，以及部分流动人口。）

1. 外来者的移民史自述。

2. 牧户家庭的基本情况。（包括家庭人口、劳动力、居住格局、家庭生产、生活收支等）

3. 外来者的生计。（具体从事哪些生计内容，包括养牛羊、挖药材、买卖草场、建筑工等，怎样做的？这些生计对草原产生了什么影响？）

4. 外来者与牧民的互动情况。

5. 对地方政府、机构的看法。

6. 在牧区，草原沙化治理主要是招募移民社区的外来者治沙。是否参与治沙项目？怎样治沙的？治沙的效果如何？

**访谈提纲四**（访谈对象：机构人员，包括嘎查队队长、苏木/镇政府机构人员、政府官员，林业局人员、畜牧局人员等。）

1. 苏木/镇基本情况。（苏木/镇总面积，天然草场面积，打草场面积，集体草场面积，国有草场面积，机动草场面积，人工饲草料地面积，耕地面积，林地面积，沙地面积。苏木/镇内各种牲畜头数，包括牛、马、骆驼、绵羊、山羊。人口总数量，牧民人数。人均收入等）

2. 嘎查基本情况。（嘎查天然草场面积，牧户平均草场划分数量。各种牲畜头数，包括牛、马、骆驼、绵羊、山羊。牧户平均收入等）

3. 改革开放以后，牧区的重要政策、制度？对牧区有什么影响？

4. 对草畜承包制度的评价。

5. 牧区面临着哪些方面的问题、困难？

6. 陈巴尔虎旗呼和诺尔苏木至赫尔洪德地区沙地是怎样形成的？自然形成的？还是人为造成的？

7. 草原生态治理政策是如何实施的？各部门在责权上市如何划分的？个部门之间是什么关系？是否存在矛盾？

8. 草原生态治理政策实施后，牧民的反应是什么？有什么问题和困难？

9. 对牧区的草原生态治理措施有什么建议？

**访谈提纲五**（访谈对象：陈巴尔虎旗三大国营农牧场的职工和领导。主要了解农垦的进驻和成长过程，对牧区的环境、社会带来了什么影响？）

1. 农垦的相关背景。

2. 农垦进驻草原牧区的过程（1958 年起至今农垦集团的成长史，对草原牧区有什么影响）。

3. 农垦的人口概况（蒙汉人口数与分布规律）。

4. 农垦农牧业生产的基本情况（草场面积，耕地面积，各类牲畜总头数和历年变化，农作物亩产和历年变化，农业、牧业具体的生产过程怎样，如何利用草原？与牧民的生产方式有什么差异？农牧业生产面临着哪些问题和困难，对草原存在什么影响？）

5. 农垦的职工、领导对草原生态是如何认识的？与牧民有什么差异？

6. 农垦集团的组织机构设置，有什么特征？

7. 农垦内部有关草原管理的政策和制度，是怎样实行的？

8. 对草原生态治理措施的看法（包括草畜平衡、休牧禁牧、生态移民、沙化治理等）。

9. 对牧区的草原生态治理措施有什么建议？

10. 综合评价农垦集团。

# 后　记

前些年，我有幸进入牧区调查，最初可能是一种单纯的好奇心，现在回想起来，觉得这一选题很有现实意义，我正好记录了牧区正在发生的种种剧变。在这个记录的过程中，我觉得自己和草原有一种“缘分”了。之前，我从未到过牧区，也没有关注过这个地区，可是几年的调查下来，我还对牧区有了一种感情，我觉得大草原是令人心旷神怡的，草原上的牧民们是朴实可爱的，那里虽然有很多令人困惑、不得不谈的问题，但同时也有令人想去诉说的美好。现在，我在贵州工作，偶尔听到关于草原的歌曲，我会觉得很亲切；偶尔遇到内蒙古的朋友，我会觉得是半个老乡，然后加上一句：“我也在那里待了几年……”是的，回忆起那段时光，有艰辛有痛苦有成长，但都能变成一缕甘甜，是自己很重要、很珍惜的一次回忆旅程。

这本书就是我在牧区一边观察一边思考后所写的文字。可以说，这本书记载了牧区这么些年真实存在的一些片段或问题。就草原的环境问题而言，近三十年变化太大，这一判断可能对当地人来说已经是常识：三十年前，呼伦贝尔大草原的牧草全有膝盖之高，所谓“风吹草低见牛羊”，如今8月中后旬，很多草场被“全面收割”，远看还是绿色的，近看牧草长势不容乐观。牧草很矮，高不过鞋跟，牧草稀疏，难掩盖沙尘。同时官方的数据也进一步证明，牧草的质量、数量、种类都在急剧下降。更严重的地方，竟然是光秃秃的山头，任凭黄沙袭面而来。曾经有一次，我在傍晚的时候感受过一次当地较小的沙尘袭击，即使是较小的沙尘暴，都能感觉到窗户似乎要被风沙捅破。在大自然面前人是渺小的，大自然给予人类的馈赠是美好的，给予人类的惩罚也是恐怖的。

了解牧区的面貌并非易事。牧区对于我来说是一个绝对的“异文化”研究。在这样的好奇心驱使下，去牧区连续调查了四次，每次待的时间都比较长，才算慢慢悟出些道理。在牧区的调查是几经周折，有折腾也有很多收获。2009 年第一次随导师陈阿江教授去内蒙古调查，经历了二十多天的牧区初体验，在较短的时间对牧区有个概况了解。当时，导师给我提供了两个选题：“区域社会经济变迁”与“草原环境问题”，在接下来的调查中，我逐渐选定“草原环境问题”这一选题，当然，这个选题和“区域社会经济变迁”也是绕不开的，本书也是从社会变迁的角度来阐述草原环境问题的原因。

之后我自己又去了呼伦贝尔大草原三次，每一次感受都不同。第二次去牧区，我和三位同学一起去的。我们在西乌珠尔苏木租了四间房，两人一组分头去调查。最开始，我参与了治沙，治沙的过程很辛苦，也让我开始反思这样的环境治理行为。我访问了治沙队队长，反复问的一个问题是：这样治沙有效果吗？得到的回答是：“今年治沙还获奖了，是在这十年治沙中效果较好的一次……”也就是说当地的这小块沙地都治了十年了，而且是“周而复始”地治理。后来，我又访谈了很多的治沙工人，他们经常说的一句话是“留下老、弱、病、残来治沙了……”，不少年轻的都是黑夜出去偷挖药材。又一次，我深夜跟着药民们，看他们挖药，看着每个药民都是匆忙挖完药但是不填土，整个草场被挖得“遍体鳞伤”。记得有一段印象深刻的对话，其中一个带药民出去挖药的司机问我：“你说说看，你觉得这片草场那么大，荒着是有多可惜，还能怎么整出钱来……”，我笑而不语。后来慢慢发觉，这句话大概就包含了外来者对草原的看法，一个是“荒”字；一个是“整钱”。前一个字正好说明农耕民族对“草原”的看法，对“草”的贬低；后一个词正是这一群外来人只知道对草原索取牟利的真实写照。看到了这些现象，一边是大张旗鼓地治理草原，一边是肆无忌惮地破坏草原，心情是矛盾的，我把这些现象零零散散地写进日记里，一边阅读、思考。当时的记录很分散，还谈不上什么论文，或许只是一些粗浅的想法和感受。

有了前两次的经验，第三次去调查更做到了有的放矢。我给自己列了一个调查计划，调查对象需要从外来者转向牧民，调查区域需要拓展周边的几个苏木。这次调查时间比较长，大概有两三个月了。在和旅店王阿姨的相处过程中，我慢慢了解到苏木的各种信息，包括近30年前苏木的人际关系、社会形态的各种变化。王阿姨的儿子找了一个牧民媳妇，我就跟着这位牧民姐姐去牧区找牧民聊天，通过滚雪球的方式了解更多的牧民。我们先后参加了劁羔子节、那达慕大会、牧民婚礼、朋友聚会……有了这样好几次聚会的经历，我才明白牧民生计发生了什么转变，牧民的社会心理层面有了什么变化，牧区有了什么问题，这些问题都直接关涉到“草原的破坏”。在和牧民们的交谈过程中，我看出他们是很真诚的，对待我这样一个好奇的女生和一连串问题，他们畅所欲言，正是他们这样的朴实和真挚，让我更有了写作的冲动。他们让我体会到他们对草原的矛盾：一方面，对草原是有很多的情感；另一方面，又不得不学会赚钱的技术，培养现代社会所需的“经济理性”。

和牧民聊完天以后，我又回到旅店，整理日志和资料。有时候不去草原上的蒙古包，我就在苏木机构附近的旅店进行调查，了解进入旅店的外来者的故事。在旅店里进行调查还有很多方便之处，我有时候会跟着来旅店居住的其他旅客一起去调查，只是我们的目的不同。不少商人是来牧区考察挖药材市场的，也有的考察牧区牛羊生意的，还有的是来牧区旅游的，因为经费有限，我就这样搭便车似的跟着这些不同的外来者去草原上，观察他们的行为，聆听他们的故事，也就有了书中外来者和牧民交往的细节描述。

在牧区，我一直坚持写日志，怕回到南京学校以后，就会少了一种感觉。回到学校后一边翻看当时的日记，一边写作，有时候也会找一些牧区的视频、纪录片来看，拓展自己的视野。在“整顿”了大半年后，2011 年，我又踏上了牧区的调查之旅，算是“四访牧区”。这次调查算是效率最好的一次，也可能是因为有了之前的积累。我去了陈巴尔虎旗所有的苏木和农垦集团，先快速浏览每个苏木和农垦，发现苏木与苏木之间，农垦和农垦之间较为相似。在“浏览”完一遍后，我再找重点人群访谈，访谈对象尽量全面，包括地方干部、行政人员、牧民（重点访谈老牧民）、退休农垦职工、当地学者、作家等；也反复去参观陈巴尔虎旗的博物馆，还去了旗档案馆、统计局、海拉尔区档案局、哈尔滨市档案馆、图书馆等地收集文本资料。在调查的时候发现，越是在基层的人们，越能说出草原环境问题所在，我记得一位农垦生产队队长意味深长地对我说：“草原再这样下去真的不行了，退化太多了……”，可是我继续调查农垦的场长，他们的回答是模糊的，“农垦是生产粮食的，这个历史功绩不能忘……”，问了很多人，问了不同的人群，我的困惑渐渐少了。我想聆听了这么多群体的相同的、不同的回答，至少我明白了问题所在，草原的环境问题，是一个社会病；草原的环境治理问题，是一个社会悖论，这些都和整个社会变迁是密不可分。

值得一提的是，当我在基层调查的时候，有时候会陷于不同的回答给予的困惑，我只能扩大不同的对象，反复比较答案的真伪。比如“旗内铁路沿线的沙地到底是自然形成的，还是人为造成的?”答案是五花八门，有的人说，“早就有了”，有的人说，“是人为破坏的”，难以统一。在一次偶然的机会，我访谈了一位地方官员，他父亲是一位老牧民，他说他的父亲告诉他很多关于草原的过去，关于草原的故事，特别是一些地方性的生态知识，可是他似乎无法“发声”，他说他不会写，只能说，可是说的时候又没有什么人听。他说他有时候看到那些外来人治沙，感觉非常焦虑：“为什么一片自然形成的沙地要去治理，花那么多人力、物力结果事倍功半?”为了证实这一地方官员的说法，我又去找了几位老牧民和已经退休的畜牧局局长，他们也给出了相似的答案，这条沙地由来已久。为了验证这些“口述史”，我想还需要一些文本资料的验证。有一次，我无意中看到清朝时期的旗手绘图，发现这一带草原原本就有一些沙带，我估摸着沙带的位置，大概就是现在沙带的地理方位，只是说现在的沙地扩大了。但是这张图证明了，沙地的形成有很多种，有自然形成的因素，也有人为的因素。现在的草原沙地治理是不加以区分对待。草原环境问题的原因，和如今的治理范式，似乎不是在一个逻辑中。

综合了这几年的调查，我想通过呈现草原环境与社会变迁历程，表达牧区正处于一种非常危险的转折点，犹如一道十字路口，如果不加以重视，改变现有的安排，随时可能突破草原生态的警戒线，造成更严重的后果。在基层调查的时候，听到了太多的这样的底层呼声，越是在生产第一线的人们，越是担心草原的未来。而草原的制度设计却往往忽视他们的感受，草原管治容易陷入困境。我把本书命名为“牧区的抉择”，是希望更多的人知道牧区的真实状态，它正处于这样一个抉择点上，需要在清楚的认知的基础上，再有所新的行动。

讲完自己的研究过程和初衷后，还需要向很多人表示感谢。

首先要感谢的是导师陈阿江教授。一路跟随导师学习，收获良多。导师的学术思考能力仿佛宝藏一样，越走进越感叹他丰富的社会学想象力和深厚的理论功底。他秉承费老的研究思路，一直致力于认识中国社会，挖掘中国社会的本土研究。正是他这样的研究思路，才给予自己诸多启发，慢慢地去理解社会学的生命力所在：只有不断地深入田野调查，不断地进行理论思考，才会有鲜活的社会学研究。还有一点我觉得也是非常珍贵的，就是导师让我明白一个道理，写作的意义，其实是一种人文情怀……从他的研究过程和作品中，可以学习到很多。非常感谢导师这么多年来的培养和教诲。

我还要感谢我的同门。在博士论文的修改过程中，陈涛、罗亚娟、吴金芳、耿言虎等的建议使得本书进一步完善，与他们的交流，受益匪浅。在调查过程中，感谢一同去牧区的宋良光、黄翠、杨博文等人，因为你们的陪伴，更有勇气。

感谢施国庆教授、王毅杰教授、胡亮副教授、顾金土副教授、徐琴研究员、黄健元教授、陈绍军教授、孙其昂教授、杨文健教授及南京大学朱力教授、陈友华教授、刘林平教授，南京师范大学邹农俭教授等对本书给予的良好建议。

在田野调查过程中，我由衷地需要感谢那些异乡的朋友们。他们是草原上的牧民，牧区的老师和研究者们，苏木旅店的老板和邻居们，退休的畜牧局职工，治沙劳动时的伙伴们……特别要感谢王阿姨、高娃一家，他们的热情使我能在一个陌生的地方感受到温暖，并收集到了很多珍贵的访谈资料。

感谢我的家人。感谢我的父母，没有他们的供养，我的一切无从谈起。感谢我的丈夫周现富，一直以来对我的体贴和包容，他的支持让我更好地投入到学习和工作中。

感谢中央高校基本科研业务费项目“移民村落与草场变迁”（2010B17514）对本研究调查的资助。

感谢贵州大学学术著作出版基金对本书的资助出版。

最后要感谢中国社会科学出版社冯春凤编审，百忙之中帮助我顺利出版本书。

王婧

于贵阳观山湖区寓所

2014 年 10 月